貓頭鷹書房

有些書套著嚴肅的學術外衣，但內容平易近人，非常好讀；有些書討論近乎冷僻的主題，其實意蘊深遠，充滿閱讀的樂趣；還有些書大家時時掛在嘴邊，但我們卻從未看過……

如果沒有人推薦、提醒、出版，這些散發著智慧光芒的傑作，就會在我們的生命中錯失——因此我們有了**貓頭鷹書房**，作為這些書安身立命的家，也作為我們智性活動的主題樂園。

貓頭鷹書房——智者在此垂釣

內容簡介　為了理解鳥類有哪些感覺，人類除了依賴想像，更透過顯微鏡、聲波儀、核磁共振等技術和研究方法，一步步解開疑惑。身為資深鳥類行為生態學家的柏克海德，結合行為生態學、生理學、神經科學、感覺生物學等，於書中依序解釋鳥類的視覺、聽覺、觸覺、味覺、嗅覺、磁覺及情感，詳實而淺白地描述鳥類用來解讀環境與彼此互動的感官；搭配凡赫魯所繪製的精細插畫，種種局部特寫更展現出鳥類感官的奧妙。

作者簡介　柏克海德（Tim Birkhead）為英國皇家學會成員，任教於雪菲爾大學，是英國六所最佳研究型大學之一。專長是行為及演化。五歲便開始觀察鳥類，曾到世界各地進行研究，以了解鳥類的生活。他懷抱著對鳥類的好奇心，以豐富的野外調查經驗及對鳥類行為的深入了解，寫下這本關於鳥類感官的書。文章散見於「獨立報」、「新科學家」雜誌、「ＢＢＣ野生動物」雜誌。其他的著作包括《精子競爭演化史》、《大海雀群島》、贏得麥可文獎章的《劍橋鳥類百科全書》、贏得葛立模領事獎的《紅色金絲雀》以及被「英國鳥類」雜誌暨英國鳥類學信託選為「年度最佳鳥類書籍」的《鳥類的智慧》。

繪者簡介　凡赫魯（Katrina van Grouw）為全職藝術家和作家，最近則在自然史博物館擔任鳥類館館長。著有《羽毛下的鳥類》，透過文字和精美的解剖圖，讓讀者了解鳥類的構造和外觀。

譯者簡介　嚴麗娟，台大外文系畢業，英國倫敦大學語言學碩士及西敏斯特大學翻譯碩士，業餘喜愛閱讀和翻譯。譯有《科技想要什麼》《探索時間之謎：宇宙最奇妙的維度》《猩猩心事：寧姆猩斯基的故事》等書。

貓頭鷹書房 243

鳥的感官

當一隻鳥是什麼感覺？

Bird Sense

What It's Like to Be a Bird

柏克海德　著

凡赫魯　繪

嚴麗娟　譯

貓頭鷹

貓頭鷹書房 243　　ISBN 978-986-262-207-0

鳥的感官：當一隻鳥是什麼感覺？

作　　者　柏克海德（Tim Birkhead）
繪　　者　凡赫魯（Katrina van Grouw）
譯　　者　嚴麗娟
責任編輯　吳欣庭
協力編輯　吳建龍
校　　對　聞若婷
版面構成　健呈電腦排版股份有限公司
封面設計　張靖梅
總 編 輯　謝宜英
行銷業務　張芝瑜
出版助理　林智萱
出　　版　貓頭鷹出版
發 行 人　凃玉雲
發　　行　英屬蓋曼群島商家庭傳媒股份有限公司城邦分公司
　　　　　104 台北市中山區民生東路二段 141 號 2 樓
　　　　　劃撥帳號：19863813；戶名：書虫股份有限公司
城邦讀書花園：www.cite.com.tw　購書服務信箱：service@readingclub.com.tw
購書服務專線：02-25007718 ～ 9（周一至周五上午 09:30-12:00；下午 13:30-17:00）
24 小時傳真專線：02-25001990 ～ 1
香港發行所　城邦（香港）出版集團／電話：852-25086231 ／傳真：852-25789337
馬新發行所　城邦（馬新）出版集團／電話：603-90578822 ／傳真：603-90576622
印 製 廠　成陽印刷股份有限公司
初　　版　2014 年 5 月

定　　價　新台幣 380 元／港幣 127 元

讀者服務信箱　owl@cph.com.tw
貓頭鷹知識網　http://www.owls.tw
歡迎上網訂購；
大量團購請洽專線 02-25007696 轉 2729

城邦讀書花園
www.cite.com.tw

國家圖書館出版品預行編目資料

鳥的感官：當一隻鳥是什麼感覺？/ 提姆・柏克海德 (Tim Birkhead) 著；嚴麗娟譯. -- 初版. -- 臺北市：貓頭鷹出版：家庭傳媒城邦分公司發行, 2014.05
304 面：15×21 公分. --（貓頭鷹書房；243）
譯自：Bird sense : what it's like to be a bird
ISBN 978-986-262-207-0（精裝）
1. 鳥類　2. 感覺生理　3. 動物行為
388.8　　103007136

各界好評

身為一位熱愛賞鳥的人，常常著迷於鳥類美妙的身影與有趣的行為生態，鳥類的確具備了許多我們人類所沒有的「超能力」，然而隱藏在這些超能力背後的生理機制在這本書中，為我們做了詳細的解析。本書將鳥類感官及行為的描述，由傳統莊周夢蝶浪漫式想像似的哲學思考，轉而以解剖、生理等現代科學實證，再配合行為的觀察，以及生態與演化理論做出描述與探討，值得對鳥類行為有興趣的人士細細研讀。

——方偉宏，台大醫技系副教授、中華鳥會常務理事

在無法完全理解「人」這種生物的現今，就是會有好奇的人，窮極畢生，想去知道當一隻「鳥」是什麼感覺。柏克海德就是屬於這類怪人，他將長期投身野外、追逐稀有野鳥的豐富觀察經驗，反覆印證古今鳥學大師（鳥人）奧杜邦、達爾文、華萊士……等人的學理，深切描述鳥類的生存之道——感官，探究這些無法以生理解剖學解釋的行為。

作者以說書人的嫻熟本事，詮釋鳥類生態奧祕，立論嚴謹，文筆生動引人，是兼具自然科學與歷史，一本易讀的知識好書。

——何華仁，資深鳥人、生態藝術家

大自然中各個物種的生理與生態學，永遠充滿著趣味性與知識性，其中野鳥的感官世界更是令人著迷。這是一本值得推薦的好書，除了滿足愛鳥人的知識需求之外，也讓我們能在輕鬆的閱讀中，了解鳥類學研究的嚴謹過程與歷史。尤其是這本書的每一張插圖，都是鳥人們心儀的收藏對象。

——阮錦松，社團法人台北市野鳥學會理事長

大部分的鳥類擁有在天空自在翱翔的本事，是一部設計完美精巧的飛翔機器。一隻小麻雀視網膜上單位面積的視覺細胞是人類的兩倍，更遑論超過人類五倍以上的猛禽，牠們可以在千里迢迢之外就將敵人或獵物看得清清楚楚！許多小鳥的高頻聲音，也是遠遠超過人類可以察覺的聲頻之外。然而許多人或許不知道，除了銳利的視覺與聽覺外，某一些鳥類的嗅覺、味覺與觸覺也為了適應所生活的棲息環境與覓食需求而特別發達，奇異鳥可以聞出土壤深層的蚯蚓，禿鷹可以在百里高空上聞到森林底層的一塊腐肉。且鳥類在遷徙時，會以日出日落為座標、星象為導引，或感應到地磁，也是令人嘖嘖稱奇！看一本開心的書，讓你看到鳥類的各種感官樣貌，讓你不再以為人類是最偉大的啊！

——袁孝維，台大森林環境暨資源學系系主任、教授

揣摩野生動物在畫境裡的行為反應，一直是我繪圖構思的重要過程，而這本書著實深化了我對動物感官的認知。本書作者極為博學多聞，我特別喜愛其援引許多自然科學家第一手的觀察論述，這些充滿智慧靈光的片段，就好比野生動物畫家的速寫稿，彌足珍貴。作者以行為演化學的專業，透過精彩有趣的故事，為我們解讀、演繹艱澀的感覺生物學研究。不僅揭露了鳥類奇妙的感官世界，那些科學假說的發想與驗證，同樣令人拍案叫絕。

——陳一銘，生態畫家、野生動物研究者

鷹和隼的眼力可以從很遠的地方鎖定獵物，貓頭鷹可以用聽力就知道在樹葉下老鼠的精確位置，這些猛禽是怎麼做到的？眼睛和耳朵等器官有什麼特殊的構造，得以讓牠們在感官世界的軍備競賽中存活下來？

博學的作者引用實驗與觀察的結果，對於鳥類的諸多問題提供令人信服的答案，也讓我們在野外觀察的時候，增添更多了解與樂趣。

——陳恩理，台灣猛禽研究會理事長

「子非魚，安知魚之樂？」

從古至今，不論文學詩詞、繪本故事或是科學研究，在出發點上都是以人為立基點去設前提、做比較。但是由於人與其他動物原本就有許多不同，理當對各種事物有不同的看法聽法嗅法……

《鳥的感官》用流暢的筆觸、淺顯的寫法，跟我們分享了前人如何嘗試錯誤，或是憑藉機緣發現鳥類的各種感官與人類之間的異同。對鳥類研究者來說，這是一本很棒的參考書；對想要走這行的新進們來說，這是本充滿可研究題材的寶庫。對其他朋友來說，這則是本提供茶餘飯後哈拉的雜學百科。它的有趣程度，把書翻開便知。絕不誆你。

——張東君，科普作家

這是一本非常值得看的好書，任何讀者看了都會有所收穫，對鳥類認識與欣賞的深度也會因此提高好幾個層次。作者是國際知名的鳥類學家，他以簡單生動的文筆帶領讀者認識鳥類感官世界的多樣與奇妙，不但回顧了過去對不同鳥類感官的主要認知與摸索，也介紹了近年新的研究發現及當前的了解。更重要的，這本書的主題雖然是鳥類，其中介紹的研究與思考過程很有啟發性，絕對可以延伸到其他生物以及和生物演化相關的議題，建議生物系的學生必讀。

——劉小如，前中研院生物多樣性研究中心研究員

本書作者以其豐厚的鳥類科學研究史及專業經驗，提供了觀察鳥類生態一個好玩又特殊的思維：以鳥為本，這在嚴謹的科學研究中實屬異類，然而卻也無法否認作者的確為鳥類研究的科學領域

開了扇窗。內文像說故事般，以淺顯易懂的文字，搭配詳實精細插畫，讓我們從分子生物技術、研究方法、思考方向得以對鳥類世界有了全新的視野。科學需要勇於想像，從百年前達爾文的「天擇」到作者最感興趣的「交配後性擇」，動物科學研究的洞見似乎在同屬水瓶座的兩人間互相輝映著。

——蔡錦文，鳥類插畫家

振翅高飛，內容之奇，無人能出其右，熱中歷史，對最新的研究也有廣博的領會，在尋找答案的過程中揭露了鳥類卓越的生活……他的想法、眼光和心思都擺對了地方：正如他承認了，他很容易「與鳥兒墮入愛河」。

——哈克斯利，「雪梨晨鋒報」

非常流暢好讀……討論到情緒時，柏克海德寫得太棒了！他抬高了鳥兒的身分，卻不流於被情感支配和擬人化，而我覺得最值得注目的地方則是他投身鑽研真正的謎團……凡赫魯的插圖一流，更豐富了本書的內容，很久沒看到這麼好的書了。

——梅里特，「賞鳥」雜誌

不論翻到哪一頁，就連最老練的業餘觀鳥人都會讀到從沒看過的東西、學習到更多新知識。太好看了，令人愛不釋手，看得欲罷不能！最棒的是柏克海德的解釋簡單清楚，讓所有人都能了解科學知識。

——戴維，Amazon.UK

讀來使人渾然忘我，每翻一頁，幾乎都令人嘖嘖稱奇作者的觀察或他披露的真相。

——帕克，「每日電訊報」

這位行為生態學家的專長在於精子研究和飛鳥交配；觸覺一章不計較禮節，幾乎都在討論鳥類的性行為。雖然我們永遠不知道當一隻鳥是什麼感覺，柏克海德仍帶領我們去體會牠們如何感受這個世界。

——沃克，「自然」雜誌

鳥類感覺系統的研究已經有幾十種驚人的發現，而這本讀來愉快的書除了介紹清楚，也充滿趣味。作者的科學志業大半投注在他熱愛的鳥兒身上，更非比尋常的則是他出眾的科學寫作能力。他再度展現出強烈的求知欲和對自然史的熱愛，並不需要犧牲科學和學問的品質。成果非常吸引人，融合了來自世界各地的小故事、鮮為人知的科學史以及專家對當前知識的解讀。

——愛德金斯雷根，「泰晤士報高等教育特刊」

讓人耳目一新的鳥類指南……作者對鳥類的了解超乎常人，告訴我們的事實和洞察力令人咋舌。引人入勝的內容令人欣喜，得以一窺前所未見的廣大領域，還有更多謎團待人發掘。

——哈特，「周日泰晤士報」

最新的科學發現齊聚一堂，囊括飛禽的視覺、聽覺、觸覺、味覺和嗅覺，以及人類無法擁有的感覺……無論你自認多有智慧，拿起《鳥的感官》，仍會學到新知。

——麥卡錫，「獨立報」

這本書太棒了，內容非常豐富，除了鳥類的感覺外，也告訴我們：和這些美妙的生物共存要負什麼樣的責任，又會得到什麼樣的回報。

——惠特利，「衛報」

出類拔萃……就像掀開了頭蓋骨，把內容物攪得美味爽口：讀過這本書以後，肯定會覺得知識無涯，並體會到科學帶來的感受……此書充滿魅力，讓我們更加了解熟悉的事物，感受到生命的曇花一現，更加認識周圍的鳥兒以及廣大世界。

——迪，「觀察家報」

本書值得推薦。目標清楚，知識廣博，引導讀者馬上發現和了解當一隻鳥是什麼感覺，而且趣味性十足。

——威爾斯頓，「倫敦博物學家」雜誌

柏克海德用這本書證實了他的英文寫作能力，堪稱全世界最傑出的鳥類科學作家——起碼在我心中他是第一名……他訴說科學故事的天賦得天獨厚，外行人也會聽得津津有味。前一本書《鳥類的智慧》訴說了從亞里斯多德到今日的鳥類研究，也是引人注目的作品。

——弗雷澤，「坎培拉時報」

二〇一二年最有潛力的野生動物叢書就屬這本了。除了文筆流暢，內容也很吸引人……少有科學家能像柏克海德這樣，真能讓非科學家的讀者深深著迷。除了專家，他的書絕對也是一般讀者睡前的好讀物。

——庫桑斯，「BBC野生動物」雜誌

柏克海德的文筆搭配他的洞察力和體驗，實在滋味無窮……思維細膩、研究透徹、寫作方式充滿吸引力……也提到了性事，唯一能到達高潮的鳥類：牛文鳥。閱讀過程極為享受，既迷人又充滿趣味。

——康迪利夫，「新科學家」雜誌

■推薦序

公民科學家的鳥類學讀本

王誠之

起初，接獲本書的審閱邀約時，我確實有點疑慮。自己當然非常喜歡，但這樣的書籍到底適不適合台灣目前的出版市場呢？雖然自然相關的科普譯著已經自成格局，但是這種在內容光譜上偏向科學知識，而非以圖文見長的書籍，是否還能受到讀者的歡迎？這樣的多慮並非無端，台灣的自然愛好者需要好書可讀，但好書則需要市場的支持，若不能相輔相成，自然科普的書籍便難以在質與量上同時獲得提升。然而回溯自己過去二十餘年觀鷹看鳥的歷程，並且檢視目前的自然觀察人口之後，我想這本書的出版，當是恰如其時吧！

過去三十年，賞鳥這項自然觀察活動在台灣蓬勃發展，並且衍生出不同的類型：蒐集觀察鳥種是最基本的，但甚至已經可以造就相關的旅遊產業，不但是外國人來台賞鳥，台灣人的望遠鏡更是掃描過世界各地的賞鳥勝地；從事攝影則是另一種型態，大砲級的望遠鏡頭密度之高，有可能創下另一個世界紀錄。此外，還有一群朋友持續地從事鳥類族群及生態的調查與研究，自行由國外引進知識與技術，投入之深甚至連學術研究者都自嘆弗如。我亦參與其中，並且由業餘的「田野鳥類觀察者」（field ornithologist）開始，進而成為全職的生態保育非政府組織的工作者，而這樣的朋友現在有了一個新的稱呼方式，叫做「公民科學家」。

公民科學（Citizen science）可以回溯到十八世紀，範圍則涵蓋了天文、考古、氣候等，其中從一九〇〇年開始，由美國奧杜邦學會（The National Audubon Society）所舉辦的「耶誕節鳥類調查」（Christmas Bird Count）更可以說是其中規模最大者，參與人數由第一年（一九〇〇）的二十七人，到近年已經超越了六萬人，由經驗豐富的業餘賞鳥者依照標準的方式進行鳥類紀錄，然後由專業的研究人員進行分析解讀，對於鳥類的族群得以獲得大規模的了解。而在英國，則有簡稱為ＢＴＯ的「英國鳥類信託組織」（British Trust for Ornithology）專注投入於各類型的鳥類繫放及調查，其發表的成果對於鳥類的研究及保育都具有相當重要的貢獻。而在台灣，以「欣賞、研究、保育」為目標的野鳥學會以及其他自然保育組織，近年來也興起了一波又一波的公民科學熱潮。

這種「知識密集」型的參與模式，除了獲致成果時的成就感之外，知識的提供與補充則是另一項決定性的要素。例如早年鳥類研究公民科學家所參考的操作手冊及各項資訊，都是由業餘的成員運用餘暇翻譯而成並且影印分送，其傳播途徑有限，甚至於因為時間長遠而湮滅。但如本書的出版，可以透過市場的機制，讓有心的自然觀察者得以獲致所需的知識，同時也能鼓勵自然科普作品的出版，則實為台灣自然界及保育界兩者之福。

鳥類的感官世界可以寫成非常嚴謹的學術論文，但是身為科學家的作者，卻選擇了非常淺白的方式進行書寫，讀起來輕鬆易懂，幾乎沒有任何知識的門檻需要跨越，這是值得科學研究者效法的典範，因此我稱之為「公民科學家的鳥類學讀本」，非常值得推薦給公民科學家的朋友；相對地，有志於此者，則應該努力閱讀相關的學術資料，尤其是原文的版本，設法提高自己的科學視野，而不是一味等待這樣難得的譯作。

中名的翻譯是自然科普出版時遇到的一大難題。基本原因當然是本土的相關著作不夠廣泛的緣故，但是如果涉及到世界上其他地區的物種，那就真的是益發困難了。尤其在英文作品中的物種名稱，又因為美英兩方的用詞不同而更增困擾。以猛禽為例，鵟屬（學名：*Buteo*）在英國稱之為 buzzard，在美國則與鷹屬（學名：*Accipiter*）同樣稱之為 hawk，buzzard 反而用於美洲鷲科（*Cathartidae*），如果沒有附注學名，則可能有所混淆。然而類似本書的自然科普作品，在原文版本中便未加上學名，而且大量使用通稱而非精確的種名，例如書中提及的 falcon，其實專指遊隼（英名：Peregrine Falcon），因此對於作者及出版國家的用語習慣，身為讀者也應該嘗試加以理解並且分辨。

當然，適合閱讀本書的不僅限於公民科學家，任何人都可以當作輕鬆讀物閱讀，在充滿趣味的文字中具有極高的科學成分，足以激發對於鳥類以及自然的想像與好奇。日後若是再遇到「子非魚，安知魚之樂？」這類詰問時，相信我們應該可以從本書中學習到許多鳥類的感受，用知識說服對方了。

王誠之 台灣野望自然傳播學社祕書長

■深度導讀

就像愛麗絲夢遊仙境一樣，其他生物的感官世界都是一個全新的夢幻世界

丁宗蘇

當一隻鳥是怎樣的感覺呢？這有點像是莊子與惠子的濠梁之辯——子非鳥，安知鳥之感？以前人類對鳥類感官能力的認識，大都來自於觀察與猜想；了解很有限，也有很多錯誤。近幾百年來，科學家透過各式各樣的比較解剖、行為觀察、操作實驗、生理測量、化學分析、腦部掃描、定位追蹤等等方法，對於鳥類的感官能力有很多突破性認識。雖然還有很多謎團需要解開，近幾十年科學家已經大幅拓展這方面的知識。但是，很可惜的，這些新發現大多散見於各類的期刊論文及教科書中，很少有以通俗的方式來統整介紹鳥類的感官能力。本書的作者，柏克海德，本身就是一位傑出的鳥類學家。他寫的《鳥的感官》這本書，整合介紹鳥類的視覺、聽覺、觸覺、味覺、嗅覺、磁覺及情感，不只內容詳實正確、而且說故事的方式通俗有趣，是一本很棒的科普書。這本書非常適合喜愛鳥類的人，也很適合對生物有廣泛興趣的一般人或是科學家。即使是鳥

類學家來讀這本書，都能獲得許多新的知識。例如，一種體型不大、看起來普通的紅嘴牛文鳥，竟然有假陰莖與性高潮，這話題聽起來就是很香辣刺激。但是作者以科學家的角度，第一手地報導這現象的來龍去脈與科學研究的探索過程，不僅說明自然現象，也能解釋現象背後的原因，還有展示出科學研究方法；讓大家讀起來不僅津津有味，也了解科學探索過程。有趣的話題、通俗流暢的敘事、嚴謹科學思考的展現，這些特質成就了這本難得的科普書籍。

在各位讀者開始讀這本書之前，我提供大家幾點提醒與補充，希望能讓各位讀起來更加有趣。

第一、鳥不是人，不要以人的角度來猜想鳥

人類與鳥類的共同祖先，推測大約是在三億年前，也就是石炭紀（Carboniferous）就已經分支成不同的生物類群。換句話說，人類與鳥類已經分別演化了三億年之久，而且鳥類在近一億年又經歷了快速的輻射演化。人類與鳥類的感官能力無論在器官構造及生理特性上，自然可以有很大的差異。人類只能知道自己的感覺。透過溝通，人類也能知道其他人類的感覺，但是常常會有認知落差。在探討鳥類的感官能力時，千萬不要自動假設鳥類跟我們共有的感覺一模一樣。最好是將鳥類當成一群外星人，牠們跟人類已經分別各自演化了三億年。這樣在了解這群生物的感官

時，會有更寬廣的空間，來迎接差異所帶來的驚訝與喜悅。

第二、一切都是為了求生存的演化考驗成果

鳥類的很多感官能力，乍聽之下都很匪夷所思，牠們為什麼會變成這樣呢？把這些感官能力放到演化生物學的框架內，很多就可以獲得合理的解釋了。鳥類發展出這樣的感官能力，說穿了，是為了在特殊的環境壓力下存活、為了在多樣物種共域生存的態勢下獲得最大利益、還有為了在眾多同種鳥類的競爭下讓自己的基因大幅複製。例如，在茫茫大海上幾乎沒有任何地標，管鼻目的海鳥平常都很少靠近陸地；為了求生存，海鳥便發展出非常厲害的嗅覺，藉此在遠洋找到稀少的食物及遙遠的繁殖地故鄉。在如此狀況下，海鳥高超的嗅覺就會是非常合理且必要的。我們對這些鳥類感官能力的認識，如果能再延伸到功能型態學、生態學、動物行為學、演化生物學等等學門的相關議題，又可以獲得更大的領悟。例如，鳥類似乎都不怕辣，沒有辣味的感受器。這是因為鳥類大多是植物的種子傳播者，植物與鳥類是互利關係。植物讓種子或果實變辣，鳥類沒辣覺所以無所謂，但是這辣味就可以減少種子被會破壞種子的哺乳動物取食。鳥類不怕辣，就成了植物種子傳播機制的一個有趣環節了。這樣的延伸思考，作者有時限於篇幅並沒有大幅說明，讀者如果能自行推想，將可以獲得更大的收穫與樂趣。

第三、沒有五項戰技皆強的鳥

有些鳥類可以有二三項感官能力都很強。例如貓頭鷹視覺與聽覺都很敏銳，禿鷹視覺與嗅覺都很敏銳。但是，沒有鳥類可以專精多項感官能力。這是因為任何一項發達的感官能力，都需要投資很大的空間、物質、與能量來維持。除非是對生存或繁殖有很大幫助，鳥類維持太多敏銳的感官並不是符合經濟效率的投資。因此，在飛行、跑步、與潛水各方面，都有一些鳥種可以發揮很傑出的能力，但是沒有一種鳥類能在空中、陸地、水下都能擁有高超的行動能力。在視覺、聽覺、觸覺、味覺、嗅覺這五項感官能力上也是一樣，沒有鳥類能同時擁有很多項的敏銳感官能力。

最後、我們對鳥類感官的了解還很有限

人類對鳥類感官能力的認識，在過去幾十年有長足的進展，這本書也提供了很好的整理與更新。但是我們目前的了解老實說仍是相當有限，就像是探索新大陸一樣，還有太多謎團需要探討。未來在科學及技術的快速發展下，尤其在腦部掃描技術的發展下，針對鳥類的感官能力，相信我們會找出更多更有趣、更新奇、更驚人的發現。且讓我們拭目以待未來更多的成果。在等待

的同時，也請迫不及待的讀者們，翻開下一頁，先來享受這本書所帶給我們的鳥類感官奇幻世界。

丁宗蘇　國立台灣大學森林環境暨資源學系副教授

鳥的感官：當一隻鳥是什麼感覺？

目次

序

紐西蘭人提到自己國內的鳥類，多半會用「快死光了」來形容，說得沒錯。在我到過的地方裡，很少有像紐西蘭這樣，空中地上的鳥兒都非常稀少。只有少數幾個種類歷經了歐洲掠食者的蹂躪後還存活下來，目前極為罕見，主要分布在外島，其中有幾種不會飛，屬夜行性。

來到寂寥的碼頭邊，太陽已經開始西沉。舷外馬達微弱的顫動聲很快化作一條小船，從島上開過來。不到幾分鐘，我們往海洋前進，駛入輝煌的日落裡。從本島到外島，彷彿一段魔幻旅程：二十分鐘後，我們下了船，踏上一大片廣闊的海灘，周圍長滿了雄偉的紐西蘭聖誕樹。

我們急著去看從未看過的鷸鴕（又稱奇異鳥），所以一吃飽就出發了。南天銀河，沒有月亮的夜空灑滿星星，密度遠遠超過北半球的銀河。走著走著，我們回到了海岸邊，突然看到了海上的奇景：磷光！打在海灘上的細碎波浪閃閃發光。「應該游個泳，」伊莎貝兒說，慫恿的話不需要第二句，我們全都下海裸泳了。被生物螢光點亮了以後，我們四處蹦跳，宛若人形煙火。猶如極光般的視覺饗宴，難得一見，令人稱奇，效果十分引人入勝。

過了十分鐘，我們晾乾了身體，到旁邊的林地裡繼續尋找鷸鴕。伊莎貝兒領頭，用她的紅外線攝影機掃視。有了，在植物間，有一團黑色的半球形：我們的第一隻鷸鴕。肉眼看不到這隻鳥，但在攝影機螢幕上是一團黑色，配上特別長的白喙。牠沒發現我們，拖著腳前進，覓食的動作很像機器：觸地、觸地、觸地。悠長的夏天就要結束，地面的土壤硬到無法探入，在地表發現了一窩蟋蟀後，鷸鴕急急咬起，蟋蟀則亂蹦亂跳，尋求生路。突然，牠發現我們了，急忙竄入樹叢，消失在我們眼前。走回屋子裡的時候，公鷸鴕高亢的尖叫聲與夜色共鳴：「詭——異，詭——異」。

伊莎貝兒．卡斯楚在小島上的保護區研究鷸鴕十年了。她和一小群生物學家想要了解這種鳥獨特的感覺世界。島上大約有三十隻鷸鴕帶有無線電發射器，伊莎貝兒和學生用信號來追蹤鳥兒夜間漫遊的路線，以及找出白日確切的棲息地點。發射器的電池約可持續一年，而我們正好碰上一年一度的更換活動。

在清晨明亮的陽光下，我們跟著發射器的信號聲穿過一片麥蘆卡樹和銀蕨（一種樹蕨），來到小小的沼澤旁。伊莎貝兒不發一語，示意她覺得我們的目標就在那片茂密的蘆葦裡，打手勢問我要不要去抓牠。跪在地上後，我看到蘆葦間有個小空隙，便把頭低到快碰到泥地的地方，盯著裡面看。在頭燈的幫助下，我只能分辨出一團褐色的東西，臉朝向另一邊。我納悶牠是否發現我了，因為鷸鴕早因牠們日間的熟睡能力而出名。看好距離後，我在泥地上穩住身子，雙臂向前一伸，抓住了鷸鴕的粗腿。我鬆了一口氣，要是在研究生面前把牠嚇走，可就丟臉了。我輕輕把牠從沉睡的凹洞裡拉出來，用雙手攏住牠的胸口。牠很重，大概有兩公斤，在目前已辨別出的五種鷸鴕中，褐鷸鴕的體型最大。

等這隻鳥躺在大腿上，你才會發覺牠有多奇怪。路易斯．卡羅*應該會很喜歡鷸鴕：牠是一種很矛盾的動物，像哺乳類多過鳥類，濃密的羽毛比較像頭髮、有一排細長的鬚，還有非常敏感的長鼻子。我撥弄牠的羽毛，尋找細小的翅膀，同時也感覺到牠的心跳。牠的翅膀很奇怪，就像壓扁的指頭，一側有幾根羽毛，末端有勾狀的指甲（用來幹嘛？）。最值得注意的則是鷸鴕完全沒用的小眼睛。前一天晚上，就算有鷸鴕在海灘上，我們全身發光的舞蹈雖說是視覺饗宴，也是俏媚眼做給瞎子看了。

當一隻鷸鴕，是什麼感覺？在幾乎全黑的環境下，幾乎沒有視力，只有比人類精密很多倍的嗅覺和觸覺，在樹叢裡埋頭苦幹，感覺怎麼樣？生物學家歐文雖然是討厭的自戀狂，但也是一流的解剖學家。一八三〇年左右，他解剖了一隻鷸鴕，看到牠的小眼睛和腦中巨大的嗅覺區，便提出他的主張：鷸鴕比較仰賴嗅覺，而不是視覺。然而他對鷸鴕的行為並沒有什麼研究。歐文很熟練地從形態聯想到功能，他的預言一百年後得到了精準的證實。行為測驗的結果指出，鷸鴕在定位地下的獵物時，準確度可以媲美雷射。鷸鴕的嗅覺能穿過十五公分厚的泥土，聞到蚯蚓的味

---

*《愛麗絲夢遊仙境》的作者。

道！有了這麼敏感的鼻子，鸊鴕在碰到另一隻鸊鴕的糞便時，會有什麼感受（起碼對我來說，就跟狐狸的糞便一樣刺鼻）？那氣味是否會讓糞便主人的樣子浮現出來？

哲學家內格爾於一九七四年發表了知名的論文〈當蝙蝠是什麼滋味〉，他主張我們無從了解當另外一種生物是什麼感覺。感覺和意識都是**主觀的**體驗，因此無法分享，其他人也無法想像。內格爾選了蝙蝠，因為這種哺乳類動物跟我們有很多共同的官能，同時卻有一種我們所沒有的：回聲定位。因此我們不可能明白當蝙蝠的滋味[1]。

就其意義來說，內格爾沒錯：我們永遠無法**確切**明白當蝙蝠或鳥是什麼感覺，因為，他說，就算我們想像，也只受限於想像，想像那樣的感受。很微妙，或許也有點學究的口吻，但哲學家就是這樣。生物學家的做法就比較務實了，我也會採取這樣的做法。生物學家利用延伸人類感覺的科技，搭配一系列充滿想像力的行為測驗，來發掘當別的生物是什麼滋味，成效顯著。延伸和強化感覺，便是人類成功的祕密。源頭可以追溯到十七世紀，虎克率先在倫敦的英國皇家學會展示他的顯微鏡。就連最平凡的物品（例如鳥的羽毛）透過顯微鏡的鏡頭，都轉化成奇妙的東西。在一九四〇年代，鳥鳴的聲波圖首度出現，生物學家都讚嘆不已，到了二〇〇七年，終於能用fMRI（功能性核磁共振造影）掃描科技看見鳥兒在聽到同類唱歌時腦中出現的反應，更令人驚嘆[2]。

和其他動物相比（除了靈長類和自己養的狗以外），我們對鳥類的認同感更高，因為除了鸊鴕以外，大多數種類的鳥跟我們一樣，主要仰賴兩種感覺：視覺和聽覺。此外，鳥類用兩隻腳走路，大多為日行動物，貓頭鷹和海鸚之類的面孔則跟人類很像，起碼可以說是我們能夠認同的面孔。然而，因為相像，卻讓我們忘了深究鳥類的其他知覺。從以前我們就假設鳥類沒有嗅覺、味覺和觸覺，一直到最近才被推翻，而鷸鴕則是古怪的例外。本書將告訴讀者，事實就是事實。我們不明白當鳥兒是什麼滋味，還有另一個阻礙的因素，因為要了解鳥類的感覺別無他法，只能跟自己的感覺比較，正因如此，我們反而不能了解其他的物種。我們看不到紫外線，我們不懂回聲定位，我們也不像鳥類能感覺到地球的磁場，所以很難去想像擁有這些知覺會是什麼樣子。

由於鳥類彼此之間的差異也多得驚人，光問「當鳥兒是什麼滋味」太簡單了，最好能問下列的問題：

- 當雨燕是什麼模樣？「在長長尖叫一聲之後現身了」[3]。
- 當皇帝企鵝是什麼感覺？在黑漆漆的南極海洋中潛水到深達四百公尺的地方。
- 當紅鸛是什麼樣子？雖然看不到數百公里外，卻能感覺到當地在落雨，產生的短暫溼地正為繁衍所需。
- 當中美洲雨林的雄紅頂嬌鶲是什麼滋味？在明顯意興闌珊的雌鳥前炫耀自己，像個瘋狂的發條玩具。

・當一對林岩鷚是什麼感覺？交配過程只有十分之一秒，一天卻要交配一百多次。牠們是覺得疲累得要命，還是享受到無比的愉悅？

・當一群白翅澳鴉的守衛是什麼感覺？短期而言要監督來掠食的鵰；長期來說則要抓住機會繼承繁衍的衣缽。

・很多小型鳴禽一年都會來個兩次，突然有種吃個不停的衝動，過了大約一個禮拜變得非常癡肥，然後又朝著一個方向飛上幾千英里，彷彿被看不見的力量拉著。而這些又是什麼感覺？

這些才是我要回答的問題，而且我要用最新的研究結果來解答，也要探索我們如何能懂得這麼多。長久以來，我們都知道人類有五感：視覺、觸覺、聽覺、味覺和嗅覺；但事實上還有其他好幾種，包括感覺到冷熱、疼痛、重力以及加速度。此外，五感其實也混合了不同的次要知覺。比方說，視覺就包含了對亮度、色彩、質地和動作的體會。

前人開始研究知覺時，是從感覺器官下手，感覺器官是負責收集感覺資訊的身體結構。其中眼睛和耳朵顯而易見，但其他的仍未完全釐清，比方說我們不知道是什麼負責鳥兒的磁覺。

早期的生物學家發現，特定感覺器官的大小比例是絕佳的指引，可以指出其敏銳度和重要性。十七世紀的解剖學家曾發現感覺器官和大腦之間的關聯，後來又發現感覺資訊會由大腦不同的部位來處理，藉由觀察腦部區域的大小，或許也反映了感覺能力。掃描技術結合早已發展成熟的解剖學知識，使我們現在得以創造出3D影像，非常精確地測出人類和鳥類腦部不同部位的大小。正如歐文的預測，我們從此看出鷸鴕腦中的視覺區域（也稱為中心）幾乎不存在，但嗅覺區域則甚至比他想像的還要大[4]。

十八世紀發現了電力後，伽伐尼等生理學家立刻發覺，他們可以測量感覺器官和大腦之間的連結中有多少「動物電」或神經活動。隨著電生理學領域的發展，我們也明白又有另一個線索，能幫我們了解動物的感知能力。到了這幾年，神經生物學家用了不同類型的掃描器來測量腦部各個區域的活動，探悉感知能力。

感覺系統控制行為：讓我們有意願去吃飯、打架、發生性行為、照顧後代等等。沒有感覺系統，人體機能便無法運作。少了任何一感，人生就貧乏多了，也困難多了。我們很努力地滿足感覺：我們熱愛音樂，我們喜歡藝術，我們會冒險，我們陷入熱戀，我們喜愛草皮剛修剪後發出來的氣味，我們會細細品嘗好吃的食物，我們渴望愛人的觸碰。我們的行為由感覺控制，因此，要推論出動物在日常生活中用到哪些感覺，最簡單的方法就是去觀察牠們的行為。

感覺研究的歷史並無章法，尤其是鳥類的感覺。雖然過去幾個世紀以來，已經累積了十分豐富的敘述資訊，但鳥類的感覺生物學向來不是熱門的主題。一九七〇年代在大學裡念動物學的時候，我避讀感覺生物學的其中一個原因是，老師是生理學家，而不是行為學家，還有一個原因則是神經系統和行為之間的關聯只見於我覺得相當乏味的動物，比方說海蛞蝓，而不是鳥類。

因此，為了彌補失去的時光，也成了我寫這本書的動力。還有，他人態度的改變給了我激勵，並非那些生理學家，而是研究動物行為的同仁，他們在近幾十年來重新發現了鳥類和其他動物的感覺系統，頗有成效。寫這本書的時候我聯絡了幾名已經退休的感覺生物學家，他們的故事都差不多，令我很驚訝：**我在研究這些東西的時候大家都沒有興趣，不然就是不相信我的成果。**有個研究人員告訴我，他窮盡畢生的心力研究鳥兒的感覺生物學，除了有一次受邀為百科全書中鳥類生物學的章節撰稿，幾乎得不到認可。退休時他燒掉了所有的論文，然後我卻開始詢問他的研究，這令他既沮喪又驚喜。

還有人告訴我，他們曾計畫寫一本鳥類感覺生物學的教科書，但找不到有興趣的出版商。如果終其一生都努力研究某個領域，但感興趣的人很少，我真無法想像那會是什麼感覺。然而，生物學的幾個領域各在不同的時期興盛起來，我也很樂觀地認為，鳥類的感覺生物學終將有出頭的一天。

那麼，改變在哪裡？在我看來，動物行為的領域出現了戲劇性的變化。我會先自稱行為生態學家，再來才是鳥類學家：也就是研究鳥類的行為生態學家。行為生態學是動物行為的分支，出現在一九七〇年代，重點放在行為的適應意義上。行為生態學家會怎麼做？探查特定的行為如何提升個體將基因傳給下一代的機率。舉例來說，牛文鳥（非洲一種跟椋鳥差不多大的鳥）為什麼每次交配長達三十分鐘，而別種鳥大多數只持續兩三秒？為什麼雄性冠傘鳥會跟其他雄鳥成群炫耀羽毛，卻不參與養育後代的工作？

前人覺得很難理解的行為，在行為生態學出現後就變得有意義，成果斐然。但行為生態學也曾是個陷阱，就跟所有的學科一樣，研究人員的眼界局限其中。到了一九九〇年代，這個題目發展成熟了，很多行為生態學家就發覺，光找出行為適應的重要性還不夠。再回到一九四〇年代，當動物行為研究還在發展初期，與其他人一起創立這個學科的丁柏根（後來成為諾貝爾獎得主）指出，行為可用四個方法去研究：考慮到⑴適應意義；⑵起因；⑶發展：在動物的成長過程中，行為如何發展；和⑷演化史。到了一九九〇年代，過去二十年來僅著重於行為適應意義的行為生態學家發現，他們必須要更進一步認識行為的其他面向，尤其是行為的起因[5]。

來看看為什麼。斑胸草雀很受行為生態學家歡迎，尤其是交配選擇的研究。雌斑胸草雀的嘴是橘色，雄鳥則為紅色，這種性別差異暗示，雄鳥更鮮豔的嘴色是演化而來，因為雌鳥偏好紅一點的嘴。有些（並非全部）行為測驗證實了上述推論，研究人員假設，因為**我們**可以把雄斑胸草雀的嘴從橘紅色排到鮮紅色，雌斑胸草雀也可以。他們從未測驗斑胸草雀事實上能看到什麼，來證實這個假設，但大家都認為雌鳥擇偶時，嘴的顏色是很重要的因素[6]。

雌鳥在選擇伴侶時，據說還會使用另一個特質，也就是羽毛圖案的對稱性，比方說雄性歐洲椋鳥在喉部和胸口的淡色斑點。科學家做了很徹底的測驗，「要求」雌椋鳥辨別不同程度的羽毛對稱（使用影像，而不是真鳥），結果發現，牠們雖然能夠辨別出斑點高度不對稱的雄鳥，但差異減少時，辨別能力就不太好。事實上，對雌椋鳥而言，大多數雄鳥看起來都差不多，由此可證牠們不太可能用羽毛對稱的程度來擇偶[7]。

行為生態學家也假設鳥類雌雄二型性的程度，即指雄鳥和雌鳥外型差異有多大，或許和牠們是一夫一妻制還是一夫多妻制有關。為了測出結果，他們根據人類的視覺，按照雄鳥和雌鳥羽毛的明亮度來打分數。我們現在知道這個做法很天真，因為鳥類的視覺系統跟人類不一樣，鳥類看得到紫外線。將同種的鳥放在紫外線下打分數，結果顯示包括藍山雀和鸚鵡等的許多種鳥，原以為牠們雌雄都長得一樣，事實上，在紫外線中（就跟雌鳥看雄鳥的方法一樣）看起來卻大不相同[8]。

正如這些例子所示，在鳥類的感覺中，最近許多引人注目的發現都在視覺的領域，尤其是辨色能力，這主要是因為研究人員在這個主題上投注了最多的努力[9]。研究人員現在發現，要了解鳥類的行為，一定要了解牠們居住的世界。舉個例子，除了鷸鴕之外，還有很多種鳥具備精密的嗅覺，而我們才剛懂得領會這一點。很多鳥類都有磁覺，引領牠們遷徙，此外最耐人尋味的則是跟我們一樣，鳥類也有情緒生活。

我們對鳥類感覺的知識已經逐漸培養了數個世紀。以他人的發現為基礎，便能不斷累積知識，正如牛頓所說，他站在巨人的肩膀上，所以看得更遠。研究人員分享想法和發現，彼此助長，由於他們互相合作，也互相競爭，參與特定主題的人愈多，就進步得愈快。學界的巨人則加快了進步的速度：生物學有達爾文，物理學有愛因斯坦，數學有牛頓。但科學家也是人，容易受人類弱點的影響，不一定能迅速進步，進展也不一定直截了當。他們很容易對著一個想法鑽牛角尖（我們後面會看到）。研究到處碰壁，科學家常常得判斷是否要堅持他們認為對的東西，還是要放棄，嘗試不同的調查路線。

科學有時候被描述為對真相的尋求。聽起來有點做作，但此處的「真相」意思很明確：很簡單，指根據現有的科學證據，也就是我們目前相信的東西。當科學家再一次測驗其他人的想法，發現證據跟原來的概念不相衝突，這個想法就能留存。然而，如果其他研究人員無法複製出原本的結果，或他們為事實找到了更好的解釋，科學家就可以改變他們對真相的想法。因為新的想法或更佳的證據而改變心意，便構成了科學上的進步。因此，更好的說法應該是「當前的真相」——根據**目前**的證據，這就是我們視為真相之物。

眼睛的演化就是一個很好的例子，可以說明人類知識的進步。從十七、十八到十九世紀，大家多半相信神以無限的智慧創造出所有生物，並賦予可以看得見的眼睛：貓頭鷹的眼睛特別大，因為牠們必須在黑暗中視物。這種思考方式認為動物的特質必須完美搭配其生活型態，稱為「自然神學」。但有些東西看似實在不符合神的智慧：比方說，雄性為何製造這麼多精子，但受孕只需要一個，有智慧的神會如此浪費嗎？達爾文一八五九年出版的《物種起源》提出了自然選擇的想法，為自然世界中的種種面向提供了比神的智慧更好的解釋，證據愈來愈多，科學家拋棄了自然神學，轉而研究自然選擇。

科學研究的起點通常在於觀察和敘述某物**是**什麼。如上所述，眼睛是個很好的例子。從古希臘開始，早期的解剖學家就曾取出羊和雞的眼睛，剖開來研究其中的構造，詳細敘述所看到的東西，有時候也會描述他們想像自己看到了什麼。等敘述階段結束，科學家會開始問其他類型的問題，比方說「如何運作？」和「有什麼功能？」。通常，某一類型的生物學家可能是解剖專家，也能提供詳細的描述，卻也要有另一組技能才能了解像眼睛這樣的東西實際的運作方式。知識不斷增加，研究人員的知識也愈來愈專門，便要與其他能夠提供互補技術的人合作。舉例來說，想要了解眼睛的運作方式，需要幾個不同領域的專長，包含解剖學、神經生物學、分子生物學、物理學和數學。橫跨不同學科，由不同專門知識的研究人員彼此互動，最後科學才能激勵人心、才能成功。

想法在科學中占有特別重要的一席之地。想到某物為什麼是這樣，非常重要，因為這樣的想法提供了問問題的架構，也能問出**正確的**問題。比方說，貓頭鷹的眼睛為什麼朝著前方，而鴨子的眼睛卻向著兩側？關於貓頭鷹朝著前方的眼睛，我們有一個想法，因為跟我們一樣，為了有深度知覺，貓頭鷹要仰賴雙目視覺。不過，還有其他的想法，接下來我們會看到，有些想法有更好的證據提供支持。

想法還有另一個很重要的地方，如果想法能激起發現，科學家便能得到聲譽。科學的重點在於搶先，要讓自己能夠和獨特的發現產生聯繫，一個例子便是華生和克里克在一九五三年發現了DNA的結構。

你或許要問，科學家從哪裡得到想法呢？有可能來自他們已有的知識體系，或和其他科學家討論得來，但有時候則透過非科學家隨意的觀察或評論。我們後面會看到，無心的評論扮演了很重要的角色，讓科學家留意到特定的鳥類感覺。最令人感興趣的則是十六世紀在非洲的葡萄牙傳教士講的故事，每次點起蜂蠟蠟燭的時候，小鳥都會飛進教堂裡收藏聖器的地方吃融化的蠟。

科學家一旦有了想法，並在能力所及的範圍內做了最嚴密的測驗，通常透過實驗的形式，或許就能到科學會議演講，呈現結果。藉由這個機會，評估別人怎麼看他們的結果。然後以此為基礎，來決定要不要修正自己的詮釋。下一步則是把結果寫成論文，好發表在科學期刊上。期刊編輯收到科學家的報告後，送給另外兩三位科學家（審閱人），決定是否值得出版。他們回報的評論或許能激發作者產生新的想法，也有機會重新分析一些結果和修改報告。根據審閱結果，如果原稿值得採納，就會出版在科學期刊的紙本或線上版。但這時還沒結束，一旦報告出版了，所有其他科學家都會看到，或許會批評，或許會為自己的研究得到靈感。

簡言之，經過試驗的可靠科學流程就是這樣，自從十七世紀晚期第一本科學期刊出版後，都沒有改變。在本書中，我們會看到那些結合了努力和靈感的人，在鳥類感覺這個領域貢獻了重大的科學發現。他們的發現出版在科學期刊上的時候，為了節省空間，敘述非常精確，並用了相當多的行話。對同樣領域的人來說，行話不是問題，但不在特定研究領域的人和非專家來說，就可能變成妨礙了解的主因。撰寫這本書的時候，我從和鳥類感覺相關的科學論文取材，把其中的發現用一般用語表達出來。我儘量避免使用行話，但要是真的無法避免，我會想辦法簡單解釋術語的意思，如果讀者需要更詳盡的說明，書末也有詞彙表。我希望本書簡明易懂，讓讀者認識鳥類的感覺，這麼做有一個好處，我會去問研究感覺的同事一些很基本的問題。我本來以為很多問題的答案大家都知道，結果卻發現有很多尚待挖掘。既然我們不可能通曉萬事，就無法避免這樣的結果，但發覺看似很簡單的問題，卻沒有人知道答案，難免覺得挫折。另一方面，知識中出現這樣的空白，很令人興奮，因為對鳥類感覺有興趣的研究人員能從中找到新的機會。

《鳥的感官》的主旨在於鳥類如何感知世界。以鳥類學歷來的研究發現為基礎，並相信我們一直以來都低估了鳥類腦中的內涵。我們知道的已經不少，並蓄勢待發，會有更多的新發現。本書會訴說我們如何到達目前的境地，以及對未來的展望。

我畢生的事業都投入鳥類研究。這不代表我光研究鳥類而已：身為大學裡的老師，我也花不少時間教大學部的課（我挺享受）和少許時間來處理行政工作（不怎麼享受）。五歲時，在父親的鼓勵下，我就開始觀鳥，很幸運，能把我對鳥類的熱愛轉化為科學家的事業。走上這一行以後，我的足跡踏遍世界，從北極到熱帶，都在研究鳥類。因此，我很幸運能有機會深入研究不少特殊的鳥種，這主要也是和研究生及同事合作的成果。然而，我主要的心力則放在兩種鳥上：斑胸草雀和崖海鴉。小時候我養過斑胸草雀和其他鳥，加上花了無數的時間觀察野鳥，讓我的觀測技巧更加精進，也讓我覺得我養成了一種洞察鳥類生活方式的生物學直覺。這很難說清楚，但我確信觀鳥的經驗讓我的研究頗有成效。的確，到目前為止我已經投入了二十五年的時間來研究斑胸草雀，這讓我做好準備。

我另一個主要研究的物種則是崖海鴉。這是我博士論文的主題，我也在南威爾斯西邊頂點外海的斯科默島度過了四個無憂無慮的夏季，研究這種鳥的生殖行為和生態。那已經是快四十年前的事了，從那之後我幾乎每年夏天都去拜訪斯科默和島上的崖海鴉。算起來，我花在崖海鴉身上的時間也不少，正在寫作的當兒，我發覺或許我用來觀察和思索崖海鴉的時間遠超過其他種類。本書也反映出這一點，因為崖海鴉讓我深深領悟到當一隻鳥是什麼感覺。

或許並非所有學院裡的鳥類學家都會對研究的物種有這樣的感覺，但我確實如此，而且冒著讓人覺得我玩起擬人遊戲的風險，我認為這是因為崖海鴉跟人類非常相近。牠們高度社會化，會和鄰居建立友誼，有時候會彼此幫忙帶孩子；牠們遵循一夫一妻制（雖然偶爾會放縱）；雌雄配偶一同養育下一代，配對後可能在一起長達二十年的時間。

研究鳥類還有一個好處，便是能認識為數眾多的鳥類學家，有可能認識本人，也有可能透過電子郵件。在寫這本書的時候，同事都熱心分享他們得來不易的知識，或許這才是我最有收穫的地方。聯絡其他人問問題或釐清事實的時候，每個人的回覆都非常有幫助，毫無例外。每個人我都非常感激（如果漏掉了您的名字，請接受我的道歉）：愛德金斯雷根、艾許布魯克、貝克、波爾、巴達薩、柏考特、卡巴那、考克蘭、寇菲爾德、克里斯福德、康妮翰、卡特希爾、道金絲、杜林、艾瑞克森、尤恩、哈拉達、哈德森、卡塞爾尼克、克里可利斯、列特拿、盧卡斯、曼德、奈克、奈維特、（國際猛禽中心的）派瑞瓊斯、帕森斯、毘薩里、拉德福、賴爾、史波提絲伍德、史蒂文斯、蘇瑟斯、瓦萊特、溫佐和懷爾德。特別感謝卡斯楚，她允諾要給我畢生難忘的鶚鴕體驗，果真如此。感謝希爾帶我到佛羅里達的沼澤裡，搭乘獨木舟尋找象牙嘴啄木鳥；雖然沒找到，但這次的體驗畢生難忘。特別感謝布瑞克說服我造訪紐西蘭的緹里緹里馬唐伊島，去看她的縫合吸蜜鳥；感謝史波提絲伍德讓我看到了尚比亞的嚮蜜鴷和鶲鶯有多麼奇妙；祖忠士為我安排參觀紐西蘭科德菲什島，近距離觀看鴞鸚鵡——我非常感恩能有這趟特別優待的行程。感謝克萊頓耐心回答我有關認知的問題。加利文和湯姆森幫忙處理參考書目，非常感謝。馬丁很好心，讀完了第一章並提供評論，柏考特則幫忙看了第三章。特別感謝蒙哥馬利這位多年好友一直給我很有建設性的批評，並讀完了整本初稿，提供自己的見解。同樣地，我也感謝邁諾特對初稿提出了敏銳的評論。我的經紀人布萊恩一直都給我很有價值的建議，布魯姆斯伯里出版社的斯萬森和同仁給我的支持堪稱典範。一如往常，最後則要感謝家人對我的寬容。

第一章 視覺

隼的感官世界跟我們不一樣，也異於蝙蝠或熊蜂。牠們高速運轉的感官和神經系統，讓牠們擁有極快的反應能力。對牠們來說，世界運轉的速度是人類的十倍。

——麥克唐納，二〇〇六年，《隼》，瑞克森圖書出版社

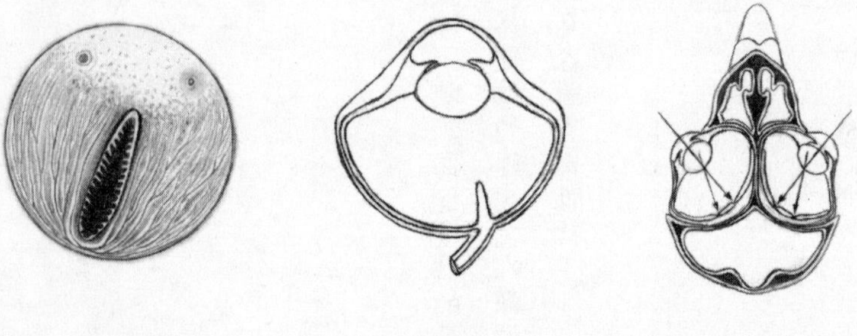

就體型比例而言，楔尾鵰的眼球是所有鳥類中最大的。略圖（從左到右）：鵰的視網膜上，有兩個中央窩和一片梳膜（深色處）；鵰眼的橫剖面；鵰頭骨的橫剖面，呈現出眼球的相對大小和位置，以及光線進入兩個中央窩的路徑（如箭頭所示）。

有一次我跟我媽聊起，我們家的狗看得見和看不見的東西。不知道是聽說的，還是從書上看來的，我告訴媽媽，狗只能看到黑色跟白色。媽媽聽了不怎麼相信。「怎麼可能知道？」她說，「我們又不能透過狗的眼睛看世界，誰能證明啊？」

事實上有好幾種方法可以確認狗、鳥或甚至任何一種生物能看到什麼，比方說，檢驗眼睛的結構並和其他物種比較，或做行為測驗。從前，鷹獵人就曾無意間做過這一類的測驗，但不是用隼，而是用伯勞鳥。

> 這種優雅的小鳥並非如眾人想像是用來吸引猛禽，而是用來提早通知鷹獵人有猛禽接近了。伯勞鳥的視覺完美到令人讚嘆，能提早偵測和宣告空中有猛禽，而人類肉眼要過一會兒才能辨別[1]。

「優雅的小鳥」是指灰伯勞，而鷹獵人捕捉野隼的方法則非常精巧，工具包括供鷹獵人藏身的草皮屋、吸引野隼前來的「鳥媒」活隼、木製隼、活的鴿子，還有最關鍵的灰伯勞（又叫屠夫鳥），拴在牠自己的迷你草皮屋外面。

鷹獵人兼鳥類學家哈汀曾於一八七七年十月間，在荷蘭的法爾肯斯瓦德附近看到這個方法，該處向來就是捕捉過境隼的地點。下面是他的敘述：

我們在小屋裡坐下，填滿了菸斗……突然，有一隻伯勞鳥吸引了我們的注意。牠發出連串警戒聲，似乎心神不寧，之後見牠朝某個方向蹲伏……牠從鳥屋屋頂跳下，準備藏身其中。鷹獵人說空中有猛禽[2]出現了。

他們密切注意，耐心等待，結果是隻鵟，鷹獵人不感興趣。但是稍後：

看！屠夫鳥又對準了某個方向。一定有什麼鳥在空中。牠叫個不停，從棲木上跳下來……我們看著牠面對的方向，聚精會神，卻什麼也看不見。「你們一會兒就會看到了，」鷹獵人說：「屠夫鳥看得比我們遠多了。」果然，兩三分鐘後，在遼闊平原遠方的地平線上，出現了一個黑點，比雲雀大不了多少。真是一隻隼[3]。

猛禽接近時，鷹獵人可以根據伯勞鳥焦躁的狀態來分辨是哪一種猛禽。更值得注意的是，伯勞的行為也能告訴鷹獵人猛禽接近的**方式**：快速或緩慢，高空或貼地。伯勞鳥是鷹獵人非常珍貴的資產，牠們待在鷹獵人提供的小草皮屋裡非常安全，不會被猛禽攻擊。

其他的捕捉法用伯勞鳥當成鳥媒，藉由猛禽非凡的視力，把牠們當成可能的獵物。我們用「鷹眼」來描述目光銳利，證明我們早就知道隼和其他猛禽的視覺超乎尋常[4]。

隼的視力這麼好，是因為每隻眼後方各有兩個視覺作用點，稱為中央窩，反觀人類只有一個。中央窩是眼睛後方視網膜上凹下去的小洞，該處沒有血管（因為血管會妨礙影像的清晰度），而且光感受器（偵測光線的細胞）最為密集。因此，視網膜的中央窩是影像最清楚的地方。隼的視力卓絕，便要歸功於兩個中央窩。

到目前為止，所有曾被研究過的鳥種大約半數跟人類一樣只有一個中央窩，那伯勞呢？有一個還兩個？我詢問專門研究鳥類視覺的學界同僚，沒有人知道。但有人告訴我去哪裡找答案，他說：「去查一查伍德的《眼底》。」我當然知道這本一九七一年出版、標題費解的書，不過我從未仔細研讀。伍德的《眼底》是透過驗光配鏡師的檢眼鏡，來查看研究鳥類的視網膜。所以那保證讓這本書絕對不會暢銷的標題，就是指眼睛的後方了。

我早就非常景仰伍德（一八五六至一九四二）。從一九〇四年到一九二五年，伍德在伊利諾大學擔任眼科教授，可說是當時最負盛名的眼睛專家，他同時也對鳥類、相關書籍和鳥類學史相當著迷。舉例來說，他發現十三世紀神聖羅馬帝國皇帝腓特烈二世所寫的鷹獵術（和鳥類學）手稿極為重要，因此去了梵蒂岡圖書館，將之翻譯後出版，讓更多人能讀到這份極為罕見的手稿。他也發現了威勞比和雷合著的《鳥類學》（一六七八）有本獨一無二的手工彩繪版，便購入收藏在他的私人圖書館裡。一六八〇年代，雷把這本書呈給當時英國皇家學會的主席佩皮斯。伍德另一項重大的成就則是編著了《脊椎動物學文獻導論》，這本廣受重視的參考書列出了當時已知所有一九三一年前出版的動物學（包括鳥類）書籍，我也有一本，且常常翻閱。

伍德的《眼底》全名是《鳥的眼底》。他寫這本書，是因為他相信若能更進一步了解鳥類優越的視力，就能更明白人類視覺的生物學和病理學原理。實在是神來一筆，他竟想到利用平時檢查人類視網膜的設備來看鳥的視網膜，並敘述了許多現存鳥種的眼睛，將其分門別類。他對這方面的知識獨到，據說只要看視網膜的影像，就能分辨出是哪一種鳥[5]！

撰寫《鳥類的智慧》（二〇〇九年）時，我到蒙特婁麥基爾大學拜訪，在主要收藏鳥類學文獻的布萊克伍德圖書館裡找資料，那是我第一次有機會翻閱伍德的《眼底》。為了向妻子致意，伍德把他個人豐厚的藏書都捐給了母校。我和同事蒙哥馬利一同前往，主要是想翻閱佩皮斯的那本《鳥類學》。在那兒的時候，圖書館員麥克琳問我要不要看一下《眼底》，但我拒絕了。現在想想實在很愚蠢，我拒絕的理由是因為書名連聽都聽不懂，而且還有那麼多更有趣的舊書吸引了我的注意力。

就算我當時翻了《眼底》，也不太可能記得住伍德的調查裡是否包括伯勞，等到需要看這本書的時候，我才發現在英國的圖書館裡很難找到。最後我終於找到了一本，在「加州伯勞（現稱呆頭伯勞）」的條目下，伍德寫道：「這種鳥的眼底有兩個黃斑部。」換句話說，沒錯，呆頭伯勞的眼睛後方（眼底）有兩個中央窩（黃斑部）*。太好了！正符合我的預期，也如伍德所說：「有兩個中央窩的鳥類視力特別好。[6]」

人類的眼睛向來是情人、藝術家和醫生著迷的對象。古希臘人切開了眼睛，卻找不出運作的方法，不知道視覺到底是眼睛接收光線還是發出光線所引起的。西元前二世紀時，負責診治羅馬競技鬥士的醫生蓋倫，對眼睛解剖結構的描述在西方一直是金科玉律，直到文藝復興時期才有了轉變。當時，十三、十四世紀的伊斯蘭手稿被翻譯引介，因而激發歐洲人重拾對自然世界的興趣，包括對視覺的好奇與探討。博學的德國學者克卜勒（一五七一至一六三〇）與其他人率先提出視覺理論，後來則陸續由牛頓、笛卡兒和許多人詳細闡述。一六八四年，顯微鏡學的先驅雷文霍克在觀察視網膜時，第一次瞥見我們現在所知的感光細胞，也就是桿狀細胞和錐狀細胞。兩百年後，卡哈爾（一八五二至一九三四）用更精良的顯微鏡觀察，並將不同類型的細胞染上不同的顏色（很聰明的方法），提供了詳盡到令人讚嘆的描述和精緻的圖解，說明了各種動物（包括鳥類）的視網膜細胞如何連結到大腦。

在《物種起源》中，達爾文認為脊椎動物的眼睛是「極度完美且複雜的器官」。就某種意義來說，眼睛是自然選擇的一件判例。基督教哲學家培里在著作《自然神學》（一八〇二）中，將眼睛作為造物主智慧的例證。培里聲稱，只有神才能創造出如此完美匹配其目的的器官，並稱之為「治療無神論的方法」。達爾文在劍橋念大學時，受的是神學訓練（信不信由你），準備未來

---

*中央窩是黃斑部內的凹陷處，解剖學上兩者指涉並不等同。

加入教會擔任神職人員。那時他很喜歡讀培里的書。然而如他後來所說，在他發現自然選擇以前，他認為培里對自然世界的看法（基本上都和適應有關）全都看起來很有道理。然而，要解釋自然世界的完美，他發現自然選擇提供的解釋比神或自然神學更令人信服，這大大扭轉了我們對自然的認識。

培里信奉創造論，也擁戴「智慧設計論」，他的論點主要認為半隻眼睛毫無用處，因此自然選擇不可能創造出一隻眼睛來。對培里和創造論的信徒來說，眼睛必須要發育完全才有用途，唯一的方法便是透過上帝的創造。

這種想法的瑕疵早被多次揭穿，但一九九四年，兩名瑞典科學家尼爾生和皮爾格用很聰明的方法重建眼睛的演化過程，一舉暴露了上述說法的弱點。單從一層感光細胞開始，他們證實每一代的視覺都改善了百分之一的話，不到五十萬年，就可以產生跟人類或鳥類一樣精密的眼睛——從地球生物的歷史來看，五十萬年並不算長。這個演化模型不僅告訴我們半隻眼睛（或不到半隻）比沒有眼睛更好；也證明了視覺的演化並不如培里一幫人所相信的那麼複雜（或那麼不真實）[7]。

讀了更多跟鳥類視力相關的文章後，有個很特別的句子一再出現：**由眼睛引導的翅膀**，表示鳥兒不過就是視力卓絕的飛行機器。過了一會兒，每次讀到這句子，我就有點惱怒，因為這句話暗示鳥類**只有**視覺一種感覺：但我們後面會看到，事實就是事實。這個說法來自一本講脊椎動物視覺的書，一九四三年由法國眼科專家侯雄杜維尼奧（一八六三至一九五二）出版，他認為這句話抓住了生而為鳥的本質。

早在侯雄杜維尼奧之前，寫過鳥類相關書籍的人幾乎都會提到牠們出色的視力。比方說，偉大的法國博物學家布豐伯爵在一七九〇年代討論鳥類的感覺時，曾說：「我們發現拿鳥類和四足動物比較時，一般來說鳥兒的視力範圍更寬廣、更敏銳、更準確、更清楚」，還有「在空中迅速飛過的鳥兒，其視覺必定比在空中慢吞吞畫大波浪的同類看得更清楚」，後者指的是飛行速度較慢、路線較曲折、呈現波浪狀的鳥種[8]。然後，到了十九世紀初，鳥類學家瑞尼寫道：「我們不只一次看到魚鷹從兩三百英尺的高度朝著不怎麼大的魚兒猛衝下來，隔了這樣的距離，人很難看到這麼小的魚」，以及「銀喉長尾山雀在樹枝間急速掠過，在非常平滑的樹皮上找到牠偏好的食物，而人的肉眼什麼也看不見，不過用顯微鏡的話可以偵測到昆蟲。[9]」以此類推，常有人觀測到美洲隼可以在十八公尺以外的地方偵測到兩毫米長的昆蟲[10]。不確定換算成人類視力的話等於什麼，但我確認過了，沒錯，我完全看不到在十八公尺外的兩毫米大小的昆蟲，事實上就算走到四公尺內的地方也看不到，由此可證美洲隼令人驚異的高超視力。

在斯科默島研究博士論文要探討的崖海鴉時，我在幾個繁殖聚落建造了掩蔽帳，以便近距離觀察牠們的行為。我最喜歡的一處在島的北邊，手腳並用爬過一段艱苦的路途，就可以坐在離一群崖海鴉只有幾公尺的地方。在這塊懸崖邊，有大約二十對崖海鴉正在繁殖下一代，一窩只有一個蛋，孵蛋時有些崖海鴉會面對著大海。在這麼靠近鳥兒的地方，我覺得自己都快變成聚落的一份子，也很熟悉牠們的種種動作和叫聲。有一次，正在孵蛋的崖海鴉突然站起來，開始發出歡迎的叫聲，但我卻不見其伴侶的蹤影。這樣的行為頗令人迷惘，似乎完全不符現實。看看海上，看到了不比水滴大的一團黑色，一隻崖海鴉正朝著聚落飛來。我在一旁觀看，懸崖上的崖海鴉叫個不停，然後真讓我驚訝透頂，那飛來的鳥兒颼地收起翅膀，停在懸崖上這隻崖海鴉旁邊。兩隻鳥兒繼續彼此問候，熱情顯而易見。那隻蹲在窩裡的崖海鴉顯然不只看得見，同時也認得出來海上幾百公尺外的伴侶，這實在讓我難以置信[11]。

要如何從科學的角度來確認鳥類的視力有多好？有兩個方法：一是比較牠們和其他脊椎動物的眼睛結構，二是設計出行為測驗，證實鳥兒能看得多遠多清楚。

從文藝復興時代以來，對人類視覺有興趣的學者研究了鳥類和其他動物的眼睛，過了一段時間後，一個想法逐漸成形。不難想到，和人類視覺有關的知識造成了嚴重的偏見。和哺乳類比起來，鳥類的眼睛相對來說很大。簡單說，眼睛愈大，視力愈好，飛行時要避免碰撞，要捕捉移動迅速或偽裝起來的獵物，一定要有出色的視力。然而，鳥類的眼睛會騙人，實際上的大小比看起來還大。（因發現血液循環而聞名的）哈維在十七世紀中期曾說，鳥類的眼睛「表面上看起來很小，因為除了瞳孔外，全部被皮膚和羽毛蓋住。[12]」

跟很多器官一樣，大型鳥的眼睛一般來說也比小型鳥更大，這是理所當然的。最小的眼睛是蜂鳥的眼睛，最大的則是鴕鳥的眼睛。研究眼睛的人將從角膜和水晶體中心到眼睛後方視網膜的距離（眼睛的直徑）當成眼睛大小的測量方法。鴕鳥的眼睛直徑五十毫米，是人類眼睛（二十四毫米）的兩倍多。事實上，考慮到眼睛跟體型之間的比例，鳥類的眼睛幾乎是大多數哺乳類動物的兩倍大[13]。

腓特烈二世的觀察力敏銳，在鷹獵術手稿中，他曾有這樣的評論：「有些鳥的眼睛和身體比起來算大，有些很小，有些則算中等。[14]」就絕對大小來說，鴕鳥的眼睛或許最大，但計入體型的話，其實比我們預期的小。就體型比例而言，眼睛最大的是鵰、隼和貓頭鷹。白尾海鵰的眼睛直徑為四十六毫米，跟鴕鳥差不多（鴕鳥體重則是白尾海鵰的十八倍）。另一方面，鷸鴕的眼睛尺寸很小（直徑八毫米），占體型的比例也非常小。來看看鷸鴕的眼睛到底有多小，澳洲的褐刺嘴鶯（體重只有六公克）眼睛直徑為六毫米。如果鷸鴕的眼睛和體重（大約兩三公斤）符合一般的比例，那鷸鴕的眼睛直徑應該有三十八毫米（高爾夫球的大小），但實際上差距甚大。鷸鴕的眼睛被描述為「退化到鳥類眼睛所能退化的極限」[15]。

眼睛的大小很重要，正因為眼睛愈大，視網膜上的影像愈大。拿十二吋的電視跟三十六吋的螢幕來比較就知道了。眼睛更大的話，光感受器也更多，就像更大的電視螢幕有更多的像素，因此影像也更清晰。

天剛破曉便開始活動的日行性鳥類眼睛，比太陽晒屁股了才活動的鳥類更大。夜間覓食的涉禽眼睛相對來說比較大，貓頭鷹和其他夜行性鳥類也是。然而，鷸鴕則是夜行性鳥類中的例外，就像住在永恆黑暗洞穴中的魚類跟兩棲類一樣，似乎差不多放棄了視覺，而其他的感覺則更強化了。

澳洲的楔尾鵰眼睛奇大無比，本身就大，跟別的鳥比也很大，因此視力居目前所有動物之冠。鵰的目光銳利，或許也能讓其他鳥兒受益，但眼睛很重，結構中滿是液體，愈大的話愈不適合飛行。從飛禽的構造來說，體重分布的方式會對飛行造成干擾。如果頭很重，就不適合飛行，因此眼睛的大小就有了上限。飛行以及對大眼睛的需求，可能正是鳥類沒有牙齒、改由腹部重心處的砂囊來磨碎食物的原因（砂囊是鳥類充滿肌肉的強壯胃臟）。

對早期的研究人員來說，視覺有許多難解之謎。有一個謎團是，即使我們有兩隻眼睛，為什麼只會看到單一的影像？歸根結柢，不管用哪一隻眼睛，都能清楚看見東西，但兩隻眼睛都睜開了，還是只看到一個影像。

笛卡兒提出了另一個謎題，他注意到，在公牛眼睛後面（也就是在視網膜上）開一個方形的洞，在洞上放一張紙，透過眼睛投射在紙張上的影像會顛倒。那麼，為什麼我們看到的影像都是正的？

德漢在一七一三年的著作中寫到眼睛，他提出下面的難題：

壯麗的景觀和其他呈現在眼睛前的物體，都清清楚楚畫在視網膜上，並非直立，而是因著光學定律反過來了……那麼現在的問題是，眼睛怎麼能看到直立的物體？

他說愛爾蘭哲學家莫里紐克斯（一六五六至一六九八）提出了答案：「眼睛只是器官，只是工具，是靈魂透過眼睛來看見。[16]」

如果我們認定「靈魂」就是大腦，或認同眼睛只是「工具」，那莫里紐克斯說得沒錯。這些東西確實由大腦來整理，只「看見」單一的「直立」影像。我們會訓練自己「反轉」視網膜上反過來的影像，令人驚嘆。一九六一年，在一項知名的實驗中，慕恩博士戴了反轉影像的眼鏡，能顛倒世界。一開始他覺得暈頭轉向，但戴了八天後，慕恩博士習慣了，又再度「看見」方向正常的世界。為了證實結果，他出門騎摩托車開飛機兜風，都平安無事。慕恩的實驗方法很極端，卻提供了無法反駁的證據，我們用大腦「看」，而不是眼睛[17]。

雖然我們向來認為大腦這個器官很抽象（就是一團軟軟溼溼的組織），但最好把大腦看成精細的神經組織網路，延伸到全身上下。想一想神經系統是什麼樣子：大腦，從大腦發出的腦神經，脊髓，從脊髓兩側冒出的成對神經，分支再分支，變得愈來愈細，形成樹突狀，而每個末梢有各種的感覺受器。感覺受器、眼睛、耳朵、舌頭等部位蒐集的資訊，包括光線、聲波和味道，都轉換成常見的電子信號，沿著神經元進入大腦，在大腦中解譯。

鴨子的眼睛在腦袋兩側，牠看到的影像是一個還兩個？灰林鴞的大眼睛跟我們一樣都朝著前方，跟我們一樣只看到一個影像嗎？英國伯明罕大學的馬丁花了多年的時間測量不同鳥種的3D視野，發現視野可以分為三大類。

第一類為典型的鳥兒，例如黑鶇、鴝和鶯：部分的前方視野，以及絕佳的側向視野，但（跟我們一樣）看不到背後的東西。想不到的是，這一群的鳥兒幾乎都看不到自己的喙尖，但有足夠的雙眼視覺來餵食小鳥和築巢。

第二類則包括鴨子和山鷸之類的鳥，眼睛在頭兩側比較高的地方。牠們看不太到前方的東西，大多數也不需要看到喙尖，因為進食時會仰賴其他的感覺，但牠們上方和後方則有全景視野，以便於偵查是否有敵人接近。耐人尋味的是，雙眼看到的東西幾乎不重疊，或許鳥兒會看見兩個分開的影像。

第三類則是貓頭鷹之類、跟人類一樣雙眼向前的鳥。人類非常仰賴雙眼視覺來察覺深度和距離，因此會自動假設其他生物也以同樣的方式受惠。我們賦予貓頭鷹很重大的意義，或許正因為人類對雙眼視覺的依賴，而貓頭鷹能用兩隻眼睛看著我們的一雙眼睛。但外表會騙人，事實上貓頭鷹雙眼所構成的角度比外表看起來更大，所以牠們雙眼視覺的重疊比我們小得多。很多人認為，貓頭鷹適應了夜行生活後，雙眼才會向前，事實並非如此。很多貓頭鷹當然是夜行性動物，但具有第三類視野跟在黑暗中生活沒什麼太大的關係：油鴟和夜鷹屬夜行性，卻有第二類視野。

貓頭鷹的眼睛為什麼朝前，馬丁有個很有趣的想法。他認為這是因為貓頭鷹為了在光線不足的時候飛行，所以需要很大的眼睛，再加上牠們需要很大的外耳孔（下一章會討論），頭顱上只剩朝前的地方可以放眼睛。「還有哪裡可以去呢？」他問。你可以從貓頭鷹的耳孔裡看到眼睛的後方，就說明了牠的頭上沒有地方可以同時放下眼睛和耳朵（還有大腦）[18]！

跟我同一代的讀者若於一九六〇年代在英國受教育，就會記得學校很早就把人類眼睛的基本結構灌輸到我們腦海裡：球形器官，直徑大約二．五公分；可讓光線進入的開口（虹膜）；可將光線投射到視網膜上的水晶體，視網膜則是眼睛後方的光感覺螢幕。來自視網膜的資訊透過神經網路傳輸，通過視神經到達大腦的視覺中心。我們甚至解剖了牛眼，現在回想起來，那時候還真年少呢：我可著迷了！

研究人員一開始研究鳥類的眼睛，並和人類眼睛比較時，發現了幾處顯著的差異。首先，有些鳥類的眼睛比我們的瘦長，例如大型貓頭鷹。十九世紀有位偉大的鳥類學家紐頓（一八二九至一九〇七）說鳥類的眼球就像「觀劇望遠鏡粗短的鏡筒」[19]。第二個差異則是鳥類多了一層半透明的眼瞼，數百年來，養過鳥的人都知道。亞里斯多德提過，腓特烈二世在鷹獵術手冊中也提過：「為清潔眼球，有層特別的膜能快速蓋過前方的表面，又快速拉回。[20]」讓人意外的，這層額外的眼瞼首次正式出現在文獻上，跟一隻獻給路易十四的鶴鴕（食火雞）有關，而那隻鶴鴕於一六七一年死在凡爾賽宮的動物園裡[21]。雷和威勞比在他們一六七八年的那本鳥類百科全書裡寫道：「或許有些例外，但大多數鳥兒都有一層瞬膜……可隨心所欲用來蓋住眼睛，而眼瞼仍保持開啟……並用來擦拭和清潔，也可發揮溼潤之效……」瞬膜一詞來自拉丁文的 *nictare*，眨眼睛的意思。我們人類的瞬膜只剩下眼頭內側粉紅色的一小片[22]。

鳥類的瞬膜在眼瞼下方，在照片中最容易看見。如果你在動物園近距離拍鳥的照片，我打賭你一定會拍到鳥兒的眼睛看似乳白色，不知怎地有點朦朧，但在拍照時卻看起來好好的。通常，模糊不清是因為眼睛上的瞬膜快速水平或斜線移動，快到幾乎看不見，但照相機卻能拍得到。腓特烈二世也發現，瞬膜能夠清潔眼部，也能提供保護。每次鴿子低頭啄地上的東西，瞬膜就會在眼睛上移動，免得眼睛被樹葉或草刺到。猛禽在撞到獵物身上的時候，瞬膜會立刻蓋住眼睛，鰹鳥在衝入水中的時候，瞬膜也一樣會蓋上。

人類跟鳥類眼睛的第三個差別則是叫作梳膜的結構。因為很像梳子（拉丁文的 *pecten*）而得名，應該是在一六七六年由貝侯（一六一三至一六八八）發現，他是法蘭西學術院數一數二的解剖學家[23]。梳膜顏色很深，外表有皺褶，鳥種不同，皺褶數也不一樣，從三到三十都有。曾有一度，鳥類學家希望梳膜或許能跟其他結構特性一樣，提供重大的資訊，告訴我們不同種間有什麼關係。事實不然。然而，在猛禽般視力最為敏銳的鳥兒身上，梳膜是最大最複雜的。的確，一開始大家以為鷸鴕完全沒有梳膜，但在二十世紀早期，伍德發現鷸鴕有梳膜，其構造非常簡單[24]。乍看之下，梳膜像根粗大的手指頭，伸到眼後房中，看似對視線並無幫助，反而會造成阻礙。但是細看之後，包括伍德在內的解剖學家才發現它的位置很巧妙。梳膜的陰影會落在視神經上，也就是視網膜的盲點上，因此不會阻礙視覺。梳膜有什麼用途？為什麼我們沒有呢？鳥類的梳膜似乎會為眼後房提供氧氣和其他養分。與人類和其他哺乳類不同的是，鳥類視網膜中沒有血管，而由一團血管組成的梳膜就是很聰明的供氧裝置。除此之外，皺褶也增大了表面積，讓眼睛內的氣體得以交換（吸入氧氣，吐出二氧化碳），眼睛便能呼吸。

人類的中央窩，也就是眼睛後方影像最鮮明的重點部位，是在一七九一年發現的。接下來，形形色色的動物體內也發現了中心凹，但要到了一八七二年，人類才找到鳥類的中央窩[25]。過了不久便有人注意到，雖然大多數的鳥兒跟人類一樣，只有一個圓形的中央窩，但蜂鳥、翠鳥和燕子，以及猛禽和伯勞鳥，都有兩個。值得注意的是，包括家雞在內的少數幾種鳥則完全沒有中央窩。有些鳥有線狀的中央窩，也有些鳥兩者兼具。包括大西洋鸌在內的許多海鳥則有水平的線狀中央窩，應該可以用來偵測地平線。

隼、伯勞鳥和翠鳥之類的鳥類體內所擁有的兩個中央窩，分別稱為淺中央窩和深中央窩[26]。淺中央窩和只有一個中央窩的鳥兒眼球內的一樣，提供單眼視覺，主要是看近距離的東西。然而，深中央窩則在頭側呈四十五度角，構成視網膜上的球狀凹陷，作用像望遠鏡頭裡的凸透鏡，有效增加眼球的長度和放大影像，提供很高的解析度[27]。深中央窩在眼睛裡的位置也表示猛禽有某種程度的雙眼視覺，能幫牠們判斷出迅速移動的獵物距離有多遠[28]。如果你觀察過圈養的猛禽，會發現牠們看著你走過來的時候，會上下左右移動頭部。這是因為牠們在切換兩個中央窩上的影像，淺中央窩負責特寫，深中央窩負責距離。跟我們的眼睛相比，鳥類的眼睛在眼窩裡比較固定（空間和重量的限制，減少了移動眼睛所需要的肌肉，省下不少重量），因此日行性猛禽和夜行性的貓頭鷹在細細查看時，特別需要轉動頭部。

鳥類眼睛的大小跟基本構造只提供了一些資訊，但視網膜的顯微構造透露了更多。猛禽絕佳的視力主要是因為視網膜中的感光細胞密度很高。感光細胞也叫光感受器，有兩種主要的類型：桿狀細胞和錐狀細胞。桿狀細胞可以比擬成老派的高速黑白底片：能偵測很低的光度。另一方面，錐狀細胞則像低速（ISO，感光度）的彩色底片（或數位相機上的低ISO設定）：高清晰度，在明亮的光源下表現最佳。

我們只有一個中央窩，也就是視網膜上稍微凹陷的地方，這裡的錐狀光感受器非常密集，每個光感受器都有自己的神經細胞，傳輸資訊到大腦。在眼睛裡的其他地方，每個光感受器（同時包括桿狀和錐狀）則共用神經細胞，就像很多人透過同一條電話線把電腦連到網路上——慢到令人沮喪。中央窩內光感受器和神經細胞一對一的關係，表示錐狀細胞會將獨立的訊息送到大腦，提供來源更加準確的信號，並解釋了為什麼中央窩是解析度最高和彩色成像的地方。

有好幾個因素影響了鳥兒能看見什麼：眼睛的宏觀結構跟大小、視網膜光感受器的密度和分布，以及大腦如何處理從視神經傳來的資訊。雖然三個因素彼此相關，只看其中一個因素，並不能完全看出鳥類的視覺敏感度，或是鳥類能看得多細。

日行性猛禽的眼睛具備出色的視覺**敏銳度**——能明察秋毫。另一方面，貓頭鷹的眼睛具備出色的**感光度**——能在昏暗的光源下看得一清二楚。沒有眼睛能兩者兼具，就像照相機不能同時具備廣角和景深。物理定律就是這樣。視覺生物學家馬丁和歐索里歐說：「這兩種基本的視覺能力（感光度和敏銳度）之間總有取捨：如果影像中的資訊量很少（由於光線不足，視覺資訊稀少），解析度就不高；就算是眼睛本身能達到很高的空間解析度，在暗淡的光線下仍做不到。[29]」視覺敏銳度以眼睛的基本構造為基礎，包括大小（因為這決定了投射到視網膜上的影像大小）和視網膜本身的設計。可以拿照相機來打比方：鏡頭的品質決定影像的品質，底片的感光度（顆粒）或數位相機上的ＩＳＯ設定決定重現影像的正確度。猛禽視網膜中的錐狀細胞占了優勢，尤其在每個中央窩裡面，每一平方毫米就有一百萬個錐狀細胞（人類大約只有二十萬個）。因此，猛禽的視覺敏銳度大概超過人類的兩倍。

在動物中，鳥類的色彩最為繽紛，這也是為什麼我們覺得鳥兒很吸引人。顏色最亮麗的南美洲鳥兒（有非常多種）則是安地斯冠傘鳥。雄鳥的身體是最鮮豔的紅色，尾巴和翅膀最外面的羽毛漆黑，翅膀最裡面的羽毛則是讓人想不到的銀白色。鴿子大小的冠傘鳥在懸崖邊的岩石上築巢，莫希干式的冠羽高高聳起，也是主要賣點，吸引了不少觀鳥人前往厄瓜多。雄鳥在雨林深處成群炫耀羽毛，稱為「求偶群」，通常我們會組一群大約十五個人的觀鳥團，穿過溼滑陡峭的小路，朝著求偶展示場出發。早在我們看到之前，鳥兒就用獨特的尖叫聲宣布自己的存在，當地的格楚哇人用 *youii* 來表示。

從山谷這側的觀測平台看過去，居然很難看到這些鳥。植被非常茂密，儘管雄鳥正在樹叢間彼此追趕，卻只能偶爾被看見，也很少能在一個地方停留到夠長的時間，好在我的視網膜上留下令人滿意的影像。我一直祈禱牠們會棲息在陽光下，好讓我看個清楚。最後終於有一隻滿足了我的願望，讓我覺得在一片綠色樹葉中看到了一小點鮮明的火山熔岩，真是太驚人了。

和冠傘鳥短暫的相遇中，最難忘的是，雖然牠們羽色鮮豔，但一離開陽光，就飄忽難尋。就好像看著演員從聚光燈走入黑暗，然後就消失了。這種效果並非偶然。雄鳥選擇灑滿陽光的舞台，讓羽毛看起來精采得不得了。在演化過程中，這些鳥照到太陽後，會變得豔麗無比，但走到陰影裡，綠色的森林植物濾掉了光線，牠們的羽毛就有種黃褐色的感覺，偽裝能力好得令人嚇一跳。

看著雄鳥在濃密的樹葉間，從這根棲木跳到那根棲木，我納悶鳥類學的先鋒們怎麼推論出冠傘鳥的求偶群在幹嘛：我看不到雌鳥，因此也看不到雄鳥使盡渾身解數求愛。當地人顯然數千年來早就認識了這些鳥跟牠們的求偶群，也用雄鳥鮮紅色的羽毛製作頭飾。

對冠傘鳥求偶群的敘述是由匈伯克第一個提出。這位地理學家受維多利亞女王委託，要完成艱鉅的任務：繪製英屬圭亞納（現名蓋亞納）的地圖。一八三九年二月八日，匈伯克和同事要穿越奧里諾科河和亞馬遜河之間的山脈。他們費盡力氣爬上山，看到十隻雄鳥和五隻雌鳥：「那地方大約直徑四、五英尺，看起來被清得一根草也沒有，似乎用人手撫平過。一隻雄鳥蹦蹦跳跳，其他鳥顯然看得很開心。」一八四一年，匈伯克的弟弟理查，一位植物學家和鳥類學家，回到當地證實了匈伯克這次特別的觀察經驗。聽到冠傘鳥的叫聲時，「我的同伴立刻拿著武器偷偷摸摸朝著牠們的方向走去，很快地就有一個人回來，告訴我小心地跟著他，不要發出聲音。我們四肢並用爬過樹叢，大概爬了一千步吧，這時……我們安靜地跟著印地安人蹲伏在地，我見證到了世界上最有趣的景象。」華麗到了極點的求偶群，鳥兒「唱出最特別的音調……一隻雄鳥在光滑的巨石上蹦跳（舞蹈），非常驕傲、非常自豪，張開的尾巴翹起又落下，拍打著同樣展開的翅膀……直到看似精疲力竭，才飛回樹叢裡。[30]」

就跟其他會到求偶展示場較量的鳥種一樣，雄冠傘鳥會很謹慎地選擇展現羽毛的地點。澳洲的緞藍亭鳥會選擇充滿陽光的地方，但新幾內亞的一些天堂鳥和南美洲的嬌鶲事實上會在森林裡的空地修整旁邊的樹木，讓該處陽光燦爛。以前曾有人以為，這種「園藝」是為了儘量降低被獵捕的風險，但愈來愈了解鳥類視覺後，便能明白鳥兒會運用背景顏色，提高羽毛的視覺對比和求愛的整體功效。

看到雄冠傘鳥和牠在太陽下明亮的羽色，令我非常激動，但我不知道雌鳥看到的景象是否跟我一樣。事實上，我們接下來會解釋，雌鳥看到的顏色更為鮮豔。

正如達爾文發現，像冠傘鳥這樣雄鳥一身亮麗的顏色，不太可能是因為能提高生存的機會才演化而來。相反地，這種特質會演化出來，必定是因為能夠提高繁衍的成功率。達爾文猜想有兩種可能：雄鳥彼此競爭雌鳥的歡心，或雌鳥優先和最具吸引力的雄鳥交配。他的想法很巧妙，也恰到好處地解釋了兩性的外表和行為通常有什麼強烈的差距。達爾文稱之為性擇，和自然選擇有所區別，性擇這個概念認為就算亮麗的羽色或宏亮的歌聲讓雄鳥更容易被掠食者攻擊，如果對雌鳥來說有足夠的吸引力，能留下了足夠多的後代，在選擇中仍會得到偏愛。不過這個說法有問題，尤其是第二點，即雌鳥選擇的過程。達爾文那個時代的人們就是無法想像雌性（包含人類跟其他動物）聰明到能做出這樣深思熟慮的選擇。但認為這樣的選擇需要意識的時候，他們並沒有抓住要點。華萊士提出了一個更嚴重的問題，他指出達爾文並沒有說明雌性跟特別有吸引力的雄性交配的話，會**如何**得到好處。的確，達爾文不知道答案。

這兩個反對的說法有效地扼殺了性擇的研究，在達爾文死後的幾十年內，幾乎沒有研究人員願意耗費心力去鑽研。值得注意的是，到了一九七〇年代，演化的思維出現了重大的變化，雌性選擇又變成科學上值得探討的主題。當大家認清了選擇是個體的情況，而不是群體或整個物種的選擇時，情況就轉變了。因此，雌性選擇和特定雄性交配，獲益的方式可能不只一種。拿冠傘鳥當作例子，雄鳥除了貢獻精子，對下一代並無實質貢獻，雌鳥選擇特定雄鳥交配，最有可能獲得的好處是為下一代得到更好的基因[31]。

要了解雌性**如何**選擇雄性，過去十多年來，研究人員開始思索鳥類的感覺系統。在冠傘鳥的例子中，我們必須從雌鳥的眼睛看世界，或至少看看雄鳥的樣子。雖然無法真的用雌鳥的眼睛來看，我們現在也有足夠的知識，明白鳥類的眼睛機能，以便做出合理的猜測，很簡單（嗯，其實也不怎麼簡單），只要看看鳥類眼睛的顯微構造就好。為什麼這是往前跨了一大步？因為我們現在知道顏色除了是某物的性質（比方說鳥兒或羽毛的顏色），也是感知看的那方神經系統分析視網膜上影像的結果。的確，美不美，取決於誰在看：事實上，是在看的那方的**大腦**裡，因為影像都在大腦中處理。不了解神經系統的話，我們無法明白鳥兒怎麼「看見」彼此，也不明白牠們怎麼看見自己居住的環境。誰也沒想到我們居然花了這麼長的時間才明白這一點，英國布里斯托大學的卡特希爾說，即使已經能接受狗的嗅覺比我們好很多，但我們卻很不情願接受鳥兒或其他動物**看見**的世界跟我們不一樣。

來看看視網膜中負責顏色的光感受器（錐狀）。人類有三種類型，根據它們吸收的光線顏色來定義：紅色、綠色和藍色。直接對應到電視或攝影機的三個顏色「頻道」，組合起來就產生了我們心目中的全光譜。和大多數哺乳類動物比起來，人類和靈長類的色覺比較好，因為大多數動物（包括狗在內）只有兩個錐狀類型，一定就跟電視上只有兩個顏色頻道一樣（不是三個）。不論我們（很自大地）認為我們的色覺有多好，跟鳥類比起來就差多了，因為牠們有四個錐狀細胞類型：紅色、綠色、藍色和紫外線（ＵＶ）。鳥類的錐狀細胞類型不僅比我們多，數量也更多。此外，鳥類的錐狀細胞包含了有色的油滴，或許能讓牠們分辨出更多的顏色。

鳥類的ＵＶ錐狀類型到了一九七〇年代才被發現。在那之前，自從達爾文的鄰居盧伯克在一八八〇年代發現螞蟻有這種細胞後，我們就知道昆蟲看得見紫外線。過了幾十年，生物學家發現蜜蜂用ＵＶ視覺辨別花朵。二十世紀中期，我們假設只有昆蟲有ＵＶ視覺，因此能私密傳訊，不被鳥類等掠食者發現。

錯了，一九七〇年代科學家研究鴿子，發現牠們能感受到紫外線。現在我們也知道許多鳥類，或許應該說大多數的鳥[32]，都有某種程度的ＵＶ視覺，用來尋找食物跟夥伴。有些鳥類會吃的莓果，其花朵散發出紫外線；紅隼可以用田鼠尿痕反射出來的紫外線追蹤要獵捕的田鼠。蜂鳥、歐洲椋鳥、美洲金翅雀和斑翅藍彩鵐的羽毛（全部或一部分）會反射紫外線，通常雄鳥比雌鳥更明顯。像斑翅藍彩鵐之類的鳥兒，紫外線反射的程度也反映出雄鳥的素質，難怪雌鳥會用羽毛的這個特質來辨別出適合的伴侶[33]。

貓頭鷹大多為夜行性。因此一定要有良好的夜間視覺，主要是為了順利穿越障礙，而不是為了找到獵物，因為貓頭鷹狩獵時主要靠耳朵。夜行性貓頭鷹最重要的就是眼睛的感光度。為了確定貓頭鷹可以偵測到多低的光源，馬丁用馴養的灰林鴞做了一些行為測驗（目前存有相關資訊的只有少數幾種，灰林鴞就是其中之一）。幾個月來，灰林鴞接受訓練，要去啄放在兩個螢幕前的棒子，螢幕上投射的光線強度不一樣。如果能偵測到光線，灰林鴞就會得到一點食物當作獎賞。馬丁也對人做了同樣的實驗（不需要給獎賞的食物），以便直接比較結果。結果正好符合我們的期待，灰林鴞比人類受試者更敏感，平均來說也比大多數人類能偵測到更低的光源，不過有幾個人類受試者的敏感度卻超過灰林鴞[34]。

和其他鳥類比起來，灰林鴞的眼睛奇大無比，就焦距而言也跟人類的很接近（其眼球直徑大約都是十七毫米）。然而，因為灰林鴞的瞳孔（直徑十三毫米）比人類（八毫米）的大，能讓更多光線進入，灰林鴞視網膜上的影像明亮度也是人類的兩倍，由此說明了視覺敏銳度的差異。灰林鴞住在森林裡，馬丁也確認了是否會有光線不足到牠們無法順利活動的情況。可想而知，他發現在大多數情況下，光線都算足夠，只有當沒有月亮，灰林鴞又在濃密的樹蔭下，才會看不清楚。

跟完全日行性的鳥兒比比看，比方說鴿子，就能看出灰林鴞對光的敏感度大概是鴿子的一百倍。也就是說，在微弱的光線下，貓頭鷹看得比鴿子清楚，說明了貓頭鷹在夜間為何能行動無阻。大白天的時候，鴿子和灰林鴞的視力差不多，和很多人相信的正好相反，證明了灰林鴞在白日不占優勢。因為灰林鴞的眼睛構造是為了最高的感光度，而不是解析度，所以可以在昏暗的光線下看到東西，但影像不怎麼鮮明。相較之下，美洲隼和澳洲的褐隼等日行性猛禽的空間解析度（辨別細節的能力）則是灰林鴞的五倍[35]。

鳥兒的右眼跟左眼可以做不同的工作，是鳥類學近代最非凡的一項發現。跟人類一樣，鳥的腦分成左右兩半。由於神經排列的方法，大腦左側負責處理來自身體右側的資訊，反之亦然。一八六〇年代，法國醫師布侯卡幫一個有語言缺陷的人做檢查，此人過世後的驗屍報告指出，大腦左側因為梅毒而嚴重受損，因而首先證實大腦的兩側處理不同類型的資訊。類似的案例愈來愈多，證明左腦跟右腦確實處理不同類型的資訊。這個作用稱為「腦側化」，意思是「片面性」。後續的一百年來，科學家都認為這是人類獨有的特質。但在一九七〇年代早期，研究金絲雀怎麼學會歌曲的時候，科學家發現鳥類也有「側化的腦」。金絲雀和其他鳥兒的歌曲從鳴管產生，構造類似我們的喉頭。諾特邦發現，唱出歌聲時，金絲雀鳴管左側的神經（連到右腦）並無作用，但右側卻有。由此我們看到了一個重要的線索，鳥兒在學習唱歌時，就像人類學習語言，比較仰賴腦的某一側。後續的研究也證明了同樣的結果[36]。

此外，要了解腦側化，鳥兒也扮演了很重要的角色，現在也證實了，腦部機能的側化增強了資訊處理的過程，讓人能同時利用好幾種資訊來源。

有兩個不一樣的方法可以看出側化。首先，就**個體**來說：人類、鸚鵡和一些其他的動物都能展現出側化，可以分成左撇子和右撇子（鸚鵡會慣用左腳或右腳）。第二，從**物種**來看，比方說後面會提到，家雞通常用左眼來偵察空中的掠食者[37]。

當然，人類通常分成右撇子和左撇子；也有一眼的視力比較好：大約有百分之七十五的人右眼視力較佳，不過我們在使用雙眼時通常沒發覺有什麼差別。但這些眼睛放在「側面」的鳥兒（也就是雙眼在頭部兩側），兩邊的眼睛則有不同的用途。比方說，家雞剛出生一天的幼雛會把右眼用於近距離的活動，例如進食，左眼則用於遠距離的活動，例如細看是否有敵人。此外，在一項設計巧妙的行為測驗中，把鳥兒的一隻眼睛暫時用眼罩蓋住，證明了鳥兒的一隻眼睛比另一隻更適合於某些工作，比方說山雀和松鴉能記住食物藏在哪裡[38]。

我們其實也知道鳥兒兩隻眼睛的差別從何而來。澳洲的羅傑斯是研究鳥兒腦側化的先驅，他花了很長的時間思索這個現象如何出現。羅傑斯告訴我：

> 我所有的同事都假設這是基因決定的，但我不確定。然後，（一九八〇年）有一天我正在看雛鳥胚胎的照片，注意到在孵卵的最後幾天，胚胎會把頭轉向左側，好封閉（蓋住）左眼，但右眼則不蓋住。因此我想到，透過殼和膜到達右眼的光線或許就確立了視

覺腦側化。因此，我比較孵卵最後幾天在黑暗中和在光線下孵化的蛋，發現我的想法沒錯。之後我證實了腦側化的方向甚至可以轉換，只要從殼中移動快孵化的胚胎頭部，封閉右眼，讓左眼對著光線[39]。

值得注意的是，在正常胚胎發展過程中，兩隻眼睛接收的光量差異（左眼：相當少；右眼：比較多）決定後來兩隻眼睛扮演的角色。實驗中在全然黑暗下（兩隻眼睛接收的光線沒有左右之別）從蛋裡孵出來的幼雛，在孵化後用眼的方法沒有差異。此外，這些幼雛要同時進行兩樣工作時（偵測敵人和找到食物），能力比不上正常孵化的幼雛[40]。

這個驚人的發現有什麼意義，尚無人探索，但非常重要。假設有一種鳥在洞裡築巢，有時候會把巢建在一片漆黑的洞穴裡，但偶爾也會選擇光線充足、比較淺的洞穴。如果洞裡一片漆黑，就沒有腦側化的機會，但在第二種情況下就有，因此孵出來的小鳥「品質」比較好，因為牠們能力也比較強。果真如此，小鳥受扶養的環境就能充分解釋鳥兒個別行為和個性的差異。或許我們認為，個體會表現出腦側化的程度如果愈高，更能幹的個體一定是更好的伴侶。新進的鳥類學家們，這是一個很棒的研究計畫！

兩隻眼睛的功能差異對我們來說很難想像，但所有的鳥都是這樣，只是彼此之間也有變化。拿家裡養的小雞來說，牠們會用左眼靠近父母。高蹺鴴的雄鳥在求偶時，比較容易對著用左眼看到的雌鳥。紐西蘭的彎嘴鴴在鳥類中非常獨特，鳥嘴打橫向右彎，在尋找無脊椎動物時，可以用來翻開石頭；這可能是因為右眼比較適合近距離覓食，也可能是因為左眼比較適合偵測敵人，或兩者皆是。遊隼在打獵的時候，會畫個大弧接近獵物，而不是衝直線，主要也是用右眼尋找獵物[41]。因為會建造工具而聞名的新喀鴉在製作工具時表現出強烈的偏好，牠在將棕櫚葉彎成勾時，會從葉子的左邊或右邊彎起。同樣地，真用工具從隙縫裡勾出獵物時，有的新喀鴉喜歡從左邊，有的喜歡從右邊，但就這種鳥來說，看不出整體偏好左邊還是右邊[42]。

由於腦側化這麼普遍，難怪我們會假設腦側化也有功能。確實如此。耐人尋味的是，腦側化趨勢愈強（就個體和物種而言），個體愈熟練特定的工作。數百年來，大家早就知道鸚鵡習慣用某隻腳抓食物或其他物品。鸚鵡使用某隻腳的偏好愈強（不管是左腳還是右腳），愈懂得如何解決難纏的問題，比方說怎麼從繩子的一端把吊在那裡當作獎賞的食物拉過來。小雞也一樣，腦側化強的覓食能力也強（能辨別穀粒和砂礫），**還能**保持一隻眼睛睜開，檢查空中是否有敵人來襲[43]。

本章即將結束，就來看看有些鳥兒怎麼能看起來像在睡覺，同時還用一隻眼睛觀察周遭環境。早在十四世紀，就有人發掘了這種能力，喬叟在《坎特伯里故事集》（一三八六年）中寫道：「……小鳥兒……晚上睡覺時開著一隻眼……」我們現在知道，鳥兒和海洋哺乳動物（需要回到水面上呼吸）都會睜開一隻眼睛睡覺，但人類卻不會[44]。並非所有的鳥兒都會，到目前為止，我們知道鳴禽、鴨子、隼和鷗能睜著一隻眼睛睡覺，但還得做全面的調查才能確認。在都會區的池塘邊，白天最容易看到在那兒棲息的鴨子睡覺時還睜著一隻眼睛：頭朝後轉向翅膀（常被人不正確地描述為「把頭藏在翅膀下」），鴨子的一隻眼睛朝內看著自己的背，遮住了，另一隻眼睛朝外，不時會睜開。

你或許也猜到了，睜著右眼睡覺的鳥兒在讓右腦休息（因為右眼接收的資訊由左腦處理，反之亦然），在兩種情況下，睜著眼睛睡覺的能力實在有用到難以置信。第一種情況是在附近有掠食者的時候。雞鴨及鷗通常睡在地上，容易受到狐狸之類的敵人攻擊，因此打開一隻眼睛睡覺的確划算。一項綠頭鴨的研究結果指出，睡在群體中間（相對來說比較安全）的鴨子睜開眼睛的時間比睡在周圍（比較容易受到敵人攻擊）的少，睡在周圍的鴨子比較有可能睜開朝著外邊的眼睛，對著敵人可能靠近的方向[45]。

第二種情況則是在飛行時睡著，睜開一隻眼睛就極有用處。鳥兒能邊飛邊睡，以前曾有人說很滑稽，但鳥類學家拉克在研究普通雨燕的時候，發現這個想法不無可能。他跟其他人注意到，雨燕在黃昏時起飛，第二天早上才回來，推論牠們一定邊飛邊睡。在第一次世界大戰的時候，一名法國飛行員執行特殊夜間任務時回報，他在大約一萬英尺的高度關掉引擎滑過封鎖線時：「我們突然發現周圍有一群很奇怪的飛鳥，牠們似乎動也不動……彼此之間非常分散，只比飛機低幾碼，下面一片雲海映出了牠們的身影。」注意了，他們抓到了兩隻鳥，認出來是雨燕。拉克和法國飛行員當然都沒注意到睡著的雨燕是否睜開了一隻眼睛，不過也有可能。然而，曾有人看過北美洲的灰翅鷗飛回棲息地時只有一隻眼睛睜開，牠們說不定還沒到棲息地就已經睡著了[46]。

為了不讓這章在瞌睡中結束，我想說些更有活力的話題：某些鳥兒的急速飛行。想想下降的雨燕；蜂鳥從一朵花疾飛到另一朵花上；北雀鷹或紋腹鷹追趕獵物時在林間衝刺的樣子。這麼快速的動作一定要有高速的腦部機能，我也常納悶鳥兒怎麼做得到。或許也不該太驚訝鳥能飛得這麼快，因為腦部比較小、視力也比較不清晰的昆蟲也能快速移動。

要像蜂鳥或鷹如此迅速地處理資訊，我們能想像到最接近的感受便是在瀕死時，時間慢下來的感覺。過去這些年來做野外調查的時候，我有過幾次瀕死體驗，或許很多讀者跟我一樣，在交通意外時體會到同樣的感受。用力踩下煞車時，車子無情地朝著另一輛車或一棵樹滑過去，你的大腦似乎能擷取每一個細節，每一秒都變長了，感覺變成了實際長度的十倍。

奇怪的是，雖然這個方法很方便，可以用來想像一隻快速移動的鳥兒有什麼感受，心理學家現在卻明白，在瀕死的情況下，時間慢下來的感受只是幻覺。我們的記憶搗亂了，可怕的事件刻入記憶時，大小細節都不遺漏，所以我們只在事件**之後**才會感到時間變慢。蜂鳥或鷹的體驗當然跟事件發生的時候同步[47]。

第二章　聽覺

無庸置疑，鳥類的聽力機能早已高度發展，除了單單接收聲音外，還能辨別或了解音高、音調和旋律，也就是音樂。

——出自紐頓一八九六年的著作，《鳥類大辭典》，布萊克出版社

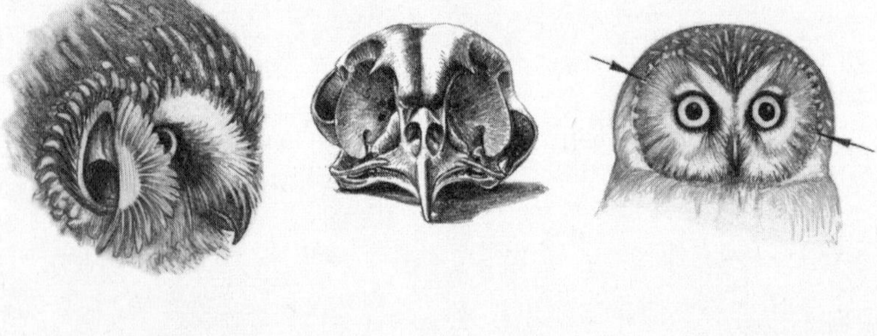

烏林鴞用來收集聲音的龐大臉盤。略圖為棕櫚鬼鴞：（左）露出的左耳；（中）頭骨上極為不對稱的耳孔，比大多數貓頭鷹來得不對稱；（右）箭頭指出耳朵所在的位置。

這地方很奇怪：黑暗潮溼，按英國人的標準來說偏僻得要命。彼得伯勒和威斯貝奇城裡的燈光讓夜空的地平線染了些許橙色，不遠處，照明燈下的磚房煙囪對著雲層噴出一條條火煙。眼前一片平坦，沒什麼特色，偶爾可以看到車子駛過安靜鄉間小路的燈光。不過，這地方最奇怪的則是黑暗草地上，長腳秧雞重複單調的叫聲，啞啞啞啞。有一隻挺近，另一隻比較遠，但很難分辨，因為牠們的叫聲有種奇特的腹語感：有時候很大聲，有時候很小聲，端看長腳秧雞面對的方向。

比鶉大不了多少的長腳秧雞希望能用呆板的刺耳叫聲嚇退雄性，同時吸引雌鳥，在繁殖季節內能巧妙躲過人類的視線。只有叫聲會透露牠的行蹤。

放眼遠望寧河溼地保護區，我看到一些房子，臥房的燈亮起，窗戶開著。我想像裡面的人躺在床上，聽到長腳秧雞的叫聲：他們認得出這種鳥的叫聲嗎？牠們在此地再度繁盛，實在讓人覺得安慰。

足智多謀的荷蘭工程師曾被徵召到此，排掉這片地區的水，在那之前，長腳秧雞在此地十分興旺。那時，這裡是塊很大的溼地，聚集了昆蟲、鳥兒和其他野生動物。到了現在，經過英國皇家鳥類保護學會（RSPB）和其他機構的修復及重建後，這裡住了幾種特別的鳥類，包括斑胸秧雞、灰鶴、黑尾鷸、流蘇鷸和田鷸。

剛才下了一場大雨，高到腰間的草都溼了，我們萬般艱難穿過草地，空氣中都是水薄荷的味道。附近有隻長腳秧雞叫了，似乎就在附近。「這裡，」里斯說：「我們在這裡架網。」我們壓低聲音，戴著柔光的頭燈，豎起十八公尺長的霧網。長腳秧雞像個怪異的發條玩具，叫個不停，顯然沒發現我們在幹什麼。里斯把錄音機隨意包在幾層塑膠袋裡以免弄溼，自己站到網子後，跟長腳秧雞成一直線，我帶著錄音機爬到鳥兒和網子之間的定點，萬一牠聽到了入侵者的聲音而衝過網子，還可以想辦法抓回來。

里斯是英國皇家鳥類保護學會的長腳秧雞鬥士，這幾年來他負責監督在英格蘭此地重新引入長腳秧雞的計畫。我們是老朋友了，一九七一年在一場學生鳥類會議上認識的。里斯的錄音機大聲播放出天然的長腳秧雞回應聲音，吵得耳朵都要聾了：這是當天在別的地方錄到的，在隆隆作響的啞啞聲中夾著雲雀顫抖的叫聲。

一來一往持續不斷，長腳秧雞腦子裡的程序應該也是這樣。我想像不出來那鳥兒腦子裡在想什麼，但牠突然不叫了；頭上傳來細不可聞的拍翅聲，牠對著假扮的入侵者衝過去，進了網子。「很好！」里斯大喊，我們跳起來，要去抓長腳秧雞。伸手到網袋裡，我看到牠已經上了腳環。今年稍早有幾隻圈養長大的長腳秧雞被野放，這其實是其中一隻。抓在手裡，好一隻漂亮的鳥兒，褐色和灰色交錯，兩側扁平的身體和楔形的頭部設計精良，很適合在草叢間移動。快速做了檢查，量了體重，我們放了牠，回到車上。

沿著滿是凹洞的路開下去，躲過巨大的水坑，我們停了車，打開窗戶，再度聆聽。「有一隻，」里斯說，我們拿了網子，穿過濡溼的田野，朝著聲音走去。規則跟剛才一樣，我在鳥跟網子中間。錄音帶開始播放，挑釁的聲音穿過平坦潮溼的野地。這塊領地的主人持續發出粗嘎的聲音。錄音帶播個不停，長腳秧雞也叫個不停：僵局，我心想。躺在草地上很不舒服，葉片的尖端讓我的鼻子、脖子跟臉都在發癢，但我不敢動。長腳秧雞的叫聲停了。牠放棄了嗎？被更大聲的對手打敗了？

突然之間，我聽到草間有聲音，就像遠方有牛隻在奔跑。然後停了。是不是幻覺？我不確定。沙沙聲再度響起，我發現長腳秧雞正對著我走來。牠從我的頭附近幾公分走過，真讓人不敢相信，但我還是看不到牠，然後牠又開始叫了。在這麼近的距離，牠的啞啞聲火力全開，比錄音帶還響。牠又動了，離我很近。對著夜空的紅光，我看見草尖的種子穗搖來晃去。突然之間，牠從我臉上走過去，翅膀亂拍了幾下，就飛起來了，直直飛進網子裡。

「太好了！」里斯大喊，把我從遐想裡搖醒，直接來上環吧。這隻沒有腳環，因此是野生的長腳秧雞，證明圈養後野放的個體過得不錯，成功吸引了遷移的同類過來。被抓在手裡的長腳秧雞很配合，容忍我們的騷擾。經過幾分鐘的處理，除了我們頭燈射出的炫光外，應該沒什麼難過的地方，然後牠被溫柔地放走了，就在我們第一次聽到牠聲音的地方。一分鐘後，牠找回了自己的聲音，又出去努力不懈地追求伴侶了。

後來我發現，在近距離的時候測到長腳秧雞的叫聲有一百分貝。更進一步來解釋吧，在同樣的距離下，一般的對話是七十分貝；個人音響設備則是一百零五分貝，救護車的警笛為一百五十分貝。在這麼近的地方聽長腳秧雞叫十五分鐘，我的耳朵都要受損了。

那麼，長腳秧雞的耳朵為什麼不會受到損害呢？畢竟跟我們比起來，長腳秧雞最靠近自己的叫聲吧。原來是因為鳥類有種反射，能降低自己聲音的音量。松雞是一種火雞大小的雉科鳥類，聽覺反射最強，雄鳥在求偶時的表演特別吵鬧。十九世紀的鳥類學家紐頓提到松雞時說：「大家都知道，雄鳥在狂亂發情即將結束的那幾秒內，根本聽不到外界的聲音。[1]」一八八〇年代調查過潛在機制的德國鳥類學家們發現，雄松雞暫時失聰是因為叫喊以及之後的幾秒內，外耳被一片皮膚蓋住了。後續對幾種鳥做的研究指出，只要把嘴巴大大張開叫喊，就會改變鼓膜的張力，讓聽力變弱[2]。

儘管呆板機械化，長腳秧雞的叫聲卻跟鳴禽的歌曲有同樣的功能：發出的信號可以傳很遠，對其他雄鳥說「勿進」，對雌鳥說「進來」。確實能傳很遠，因為長腳秧雞粗嘎的聲音在一．六公里外都聽得到。雖然已經算很厲害了，卻還不是頂級的。聲音傳導的最遠紀錄是由兩種鳥隆隆作響的低沉叫聲創下的，有時候四、五公里外的人類都可以聽得到。

第一種是大麻鷺。十七世紀中期，住在萊茵河旁的漁夫兼博物學家鮑德納提出了很不錯的敘述。鮑德納注意到，大麻鷺發出響聲時，頭抬得很高，嘴巴閉上，「腸胃有五厄爾那麼長」（厄爾是以前的測量單位），指的是大麻鷺在發出聲音時擴大的食道[3]。

第二種是紐西蘭的鴞鸚鵡，一種不會飛的巨型鸚鵡。當歐洲人首度移居到紐西蘭時，毛利人已經很熟悉牠們的響聲了：「到了晚上……鳥兒前來，聚集在共同的聚會地點或遊樂場……聚在一起後，每隻鳥……都有很奇怪的表演，翅膀拍地，發出奇怪的叫聲，同時用嘴在地上挖出一個洞。[4]」一九〇三年，亨利寫道：「我覺得很有可能雄鳥在這些『碗』裡就位，擴張氣囊，開始迷人的情歌；雌鳥……喜歡聽的話……就過來看表演。[5]」紐西蘭的鴞鸚鵡英雄默頓（一九三九至二〇一一）用夜視鏡觀察，證實雄鳥在發出響聲時，身體幾乎鼓成球形[6]。長腳秧雞跟大多數的鳥種主要是用鳴管（喉頭）來宣告自己已經來了，但大麻鷺不一樣，鴞鸚鵡或許也該歸為這一類，牠們用食道嚥下空氣，然後轟然噴出。

長腳秧雞、大麻鷺和鴞鸚鵡主要在夜間出沒，在濃密的草木間過著躲躲藏藏的生活。牠們用宏亮的叫聲宣布自己的位置，用聽覺偵測周遭動靜。

當然，長距離溝通不光限於夜行性鳥類；大多數的小鳥會透過唱歌，來通知入侵者和可能成為伴侶的對象，因此歌聲能傳得愈遠愈好。鳴禽中有個大嗓門，就是夜歌鴝。有次我去義大利，住的小民宿就在樹木茂密的山坡邊。我一整個晚上都被雄夜歌鴝的「情歌」轟炸，幾乎完全沒睡，牠就在離我臥房窗戶差不多一公尺的地方。聲音好響，響到讓我能感覺牠的歌聲在我的胸膛裡產生了共鳴。實驗室的研究顯示，夜歌鴝的歌聲約有九十分貝[7]。

如果要知道人類能聽到什麼，問就好了。要知道鳥兒能聽到什麼，問的方法就非常不一樣。

要研究牠們回應聲音的行為模式，通常會用斑胸草雀、金絲雀和虎皮鸚鵡當作其他鳥的「模型」。這類研究是先訓練鳥兒執行簡單的工作，比方說聽到特定的聲音就去啄一個鍵，啄對了就有食物當作獎賞。接著觀察，如果牠們（一直都能）完成任務，就假設牠們聽得到聲音，或辨別不同的聲音，反之亦然。

經過上面的詳細說明，鳥類聽覺的研究似乎很直接了當，但我們對鳥類聽覺的了解遠不如視覺。其中一個原因是鳥類沒有外耳，另一個原因則是耳朵深嵌在頭骨裡，如同大多數脊椎動物的耳朵。但或許最重要的原因是大家對聽覺的興趣就是不如視覺。雷和威勞比在一六七〇年代撰寫大作《鳥類學》的時候，對鳥類的耳朵結構幾乎一無所知。就連十七到十九世紀最偉大的解剖學家也覺得要解剖內耳非常地困難。

在十六和十七世紀，義大利的解剖學家開始認真研究人的耳朵。發現雌性哺乳動物生殖系統內的輸卵管的法洛比斯（一五二三至一五六二），於一五六一年發現了內耳中的半規管。發現耳咽管的尤斯塔修斯（一五二四至一五七四）在一五六三年發現了中耳，而古希臘人早就知道耳蝸的存在了。卡塞瑞斯（約為一五二二至一六一六）在一六〇一年發現了狗魚內耳中的半規管，並發現鳥類（例如鵝）的中耳只有一根骨頭，而不是三根。法國解剖學家貝侯藉由解剖一隻當時死於巴黎動物園的鳳冠雉（這種像火雞的鳥來自熱帶南美洲），率先提出了對鳥類內耳的敘述[8]。那只是敘述階段。科學家又花了更長的時間，才發現耳朵實際上如何運作。即使到了一九四〇年代，英國劍橋大學的助理教授龐夫瑞（一九〇六至一九六七）在一九四八年以鳥類感覺為主題，寫了一篇簡短而頗具發展性的概觀，他最後仍做出了這樣的結論：「大家會注意到，關於鳥類的眼睛，已有足夠豐富的知識好讓知識份子可以去觀察眼睛的效能，以及在鳥類行為上所扮演的角色。但耳朵的相關知識就少多了……鳥類的聽覺提供了最有希望的實驗和觀察領域，但卻很不公平地一直遭人忽視。[9]」

自一九四〇年代以來，大家對於鳥類能聽到什麼愈來愈感興趣，主要就是因為鳥鳴研究的進展非常驚人，成為了學習和了解人類口說習得的普遍模型。以前的學者認為，兒童不論接觸到何種語言都能學會，是因為他們才開端的生命還在空白狀態。鳥鳴研究打破了這個想法，證實了即使幼鳥聽到任何曲目幾乎都能學會，實際上卻是由基因模板來指定牠們學什麼歌、怎麼唱。研究鳥兒習得歌曲的結果，提供了令人信服的證據：並沒有先天後天的界線，鳥兒和人類嬰兒的基因和學習都緊緊相扣。透過鳥鳴的神經生物學研究，我們才明白人類大腦具備無窮的潛力，能夠自行重組，形成新的連結來回應特定的輸入訊號[10]。

在鳥兒和包含人類的哺乳類身上，耳朵由三個區域組成：外耳、中耳和內耳。外耳包括耳道（大多數哺乳類動物還有耳廓）。中耳包含鼓膜以及一根或三根聽骨。內耳則包含裝滿液體的耳蝸。聲音（術語是聲壓）從環境傳入外耳，經過耳道一路到鼓膜，然後透過細小的聽骨進入內耳，導致裡面的液體振動。振動讓耳蝸中細小的毛細胞把信號傳給聽覺神經，再傳給大腦解讀訊息，詮釋成「聲音」。

人類耳朵跟鳥類耳朵有四個主要的差異。第一個也是最明顯的差異是，鳥類沒有外耳殼，也就是「耳廓」，由一小塊覆蓋著皮膚的軟骨、我們稱為耳朵的部位[11]。鳥兒的耳朵在哪裡，不一定一看便知，因為除了少數幾種鳥外，牠們的耳朵都被叫做耳覆羽的羽毛蓋住了。如果你觀察鷸鴕或鴕鳥羽毛稀疏的頭部，或美洲鷲（比如神鷲）的禿頭，還有鳥如其名的裸頸果傘鳥，便可發現鳥類的耳孔在眼睛後面比較低一點的地方，跟我們的耳朵位置差不多[12]。

而頭上有羽毛的鳥類，牠們的耳覆羽跟旁邊的羽毛不一樣。耳覆羽比較有光澤，這或許是為了確保在飛行時，空氣能順利流過上方，也或許能過濾吹過耳邊的風聲，以便聽得更清楚[13]。海鳥若有蓋住耳道的羽毛，潛水時便能防止水進入耳朵；以國王企鵝為例，當牠們潛入水中好幾百公尺時，水壓相當強，要是耳朵進水可是嚴重的問題。但事實上，國王企鵝的耳朵展現了數種結構和生理上的適應變化，保護牠們不因潛入深海而危及生命[14]。如果鷸鴕的耳道也有額外的保護一定會更好，因為我發現，我在紐西蘭處理過的幾隻鷸鴕的耳孔裡，居然有壁蝨寄生！近代移居到紐西蘭的人帶來家畜禽和寄生蟲，入侵自然環境，不知道這些壁蝨是不是討厭的副產品，不過我在鷸鴕耳裡看到的壁蝨是紐西蘭原生的，想必鷸鴕已忍受很長一段時間了[15]。

一七一三年，雷的同事德漢注意到「鳥類沒有耳殼或耳廓，因為耳殼會阻礙牠們在空中前行。」德漢認為，生物的設計（此處便是缺乏耳廓）若能完美搭配其生活型態（飛行），就證明了上帝的智慧。用現代的術語來說，就是為了飛行而出現的適應作用。缺乏耳廓是否是為了適應飛行，並沒有明確的答案，因為鳥類的爬蟲類祖先沒有耳廓；因此哺乳類動物演化出耳廓可能是為了讓主要為夜行性的群體改善聽力而有的適應作用。就算有耳廓，應該也不會影響飛行，因為很多種蝙蝠都有巨大的外耳（對，我知道牠們飛得沒有鳥那麼快）。還有一種解讀：不會飛的鳥有十五科，牠們都沒有外耳，最原始的鳥也沒有外耳。從這個角度出發，我猜，沒有耳廓是源自鳥類的祖先，而不是為了適應飛行[16]。

人類耳廓的重要性太明顯了。用手攏著耳朵，就能增大耳廓的效應，效果非常顯著。同樣地，在錄製鳥鳴（或其他聲音）時，在麥克風上裝個碗狀的反射器，就能錄到更多聲音。少了耳廓一定有很顯著的影響，除了影響鳥兒能聽得多清楚外，也會影響牠們定位特定聲音來源的能力。不過我們接下來會看到，在這方面，鳥類已經發展出其他補強的方法。

鳥類和哺乳類的**第二個**差異在於哺乳類動物的中耳有三塊小骨頭，人類也一樣，而鳥類只有一塊，再度反映出牠們的演化史[17]。

第三個差異是內耳，也是耳朵最重要的地方。內耳嵌在骨頭內，非常安全，包含半規管（負責保持平衡，不在我們的討論範圍內）和耳蝸。哺乳類動物的耳蝸是螺旋狀（跟蝸牛一樣），而鳥類的耳蝸則是直的，不然就跟香蕉一樣有微微的弧度。裝滿液體的耳蝸內有一塊膜，稱作耳底膜，上面有許多微小的毛細胞。毛細胞能敏銳察覺到振動，讓我來解釋一下如何運作。聲音發出來了，產生壓力波，沿著外耳中的耳道一路進去，最後撞在鼓膜上。現在，中耳的骨頭開始振動，結果把振動傳到內耳的入口，然後傳入耳蝸。耳蝸內的液體產生了壓力波，導致毛細胞的毛彎曲，射出信號給大腦。不同頻率的聲音（等一下我也會解釋）會到達耳蝸的不同地方，刺激不同的毛細胞。高頻率的聲音導致耳底膜的底部開始振動，低頻率的聲音導致耳底膜最遠的那一端開始振動。

哺乳類動物盤繞成圈狀的的耳蝸比較長，但可以納入小空間，哺乳類動物的耳蝸確實比大多數的鳥長：老鼠的大約有七毫米，體型差不多大的金絲雀只有兩毫米。這種差異有可能是因為捲曲的耳蝸更能夠偵測到很多大型哺乳類動物使用的低頻率聲音[18]。

才華橫溢的瑞典科學家雷濟厄斯（一八四二至一九一九）與其他人率先研究鳥類的內耳。跟報業鉅子的女兒雅塔結婚後，雷濟厄斯的經濟無虞，能無牽無掛地從事研究，涵蓋精蟲的構造、詩歌和人類學。然而，最出名的還是對神經系統及內耳構造的研究。雷濟厄斯是比較研究並繪製出幾種動物內耳的先驅之一，非常漂亮，也包含好幾種鳥。但雷濟厄斯的運氣很背！被提名諾貝爾獎不下十二次，卻一直沒有機會去斯德哥爾摩領獎。一九四〇年代，龐夫瑞彙整鳥類感覺的相關資訊時，便好好利用了雷濟厄斯的詳細描述，推測鳥類的聽力，把牠們分成耳蝸「特別長」（歐亞鵰鴞）、長（鶇和鴿子）、普通（小辮鴴、山鶓和星鴉）、短（雞）和非常短（鵜和海鷗）。龐夫瑞寫道：「如果排除貓頭鷹，或許可以推測耳蝸長度和歌唱能力有關聯。」雖不中，亦不遠矣。我們現在知道，第一，貓頭鷹的耳朵和聽力與其他大多數鳥類不一樣，第二，如果我們把「美妙歌聲」詮釋成對應的東西，「偵測和辨別聲音的能力」，那麼龐夫瑞的推測也完全無誤[19]。

耳蝸長度和聽力的相關資訊愈來愈多，真是太好了，我們現在也明白，耳蝸長度（特別是裡面的耳底膜）能合理指出鳥類對聲音的敏銳度。跟其他器官一樣（腦、心、脾），大型鳥的耳蝸比較大，但還有一點，大型鳥也對低頻率的聲音特別敏感，而小型鳥則對高頻率聲音的敏銳度比較高。

來看看數字，以便更了解其中的模式。我們只看五種鳥：斑胸草雀（重量約十五公克）的耳底膜約為一・六毫米；虎皮鸚鵡（四十公克），二・一毫米；鴿子（五百公克），三・一毫米；鰹鳥（二・五公斤），四・四毫米；鴯鶓（六十公斤），五・五毫米。這樣的關係表示研究人員可以從耳蝸長度推測某種鳥對某種聲音有多敏銳。的確，生物學家最近做了研究，他們利用fMRI影像，從已絕種的始祖鳥的頭骨化石衍生出內耳尺寸，以此推論其聽覺或許跟現代的鴯鶓差不多，也就是並不怎麼好[20]。

貓頭鷹則是例外。就體型而言，牠們的耳蝸相對來說非常巨大，並包含大量的毛細胞。以倉鴞為例，體重約三百七十公克，耳底膜卻有九毫米這麼大，並含有大約一萬六千三百個毛細胞，比我們所預期的多出三倍，提供了絕佳的聽力。

第四，鳥類耳蝸內的毛細胞會定期更換，哺乳類動物卻不會。要是那隻在我耳朵旁鬼叫的長腳秧雞留在原處一直叫，我又笨到一直躺在那裡不動，那叫聲的音量終究會傷害我的耳朵，損壞我的聽力，而且無法挽救。內耳負責偵測聲音的毛細胞非常精密纖細，很容易因為大量噪音而受到損傷。我們的聽覺很敏銳。事實上敏銳到再稍加改善，我們就能聽到頭顱內血液奔流的聲音。搖滾歌手和他們的樂迷都知道大量噪音對耳朵會造成長期損害。受損的毛細胞不能替換。因此人年紀老了，就更難偵測高頻率的聲音。我認識許多超過五十歲的觀鳥者，都聽不到歐亞戴菊的高亢歌聲，在美國的則聽不到黑喉綠林鶯和橙胸林鶯等幾種鳥的歌聲。也不光限於年老的搖滾歌手：著有《塞耳彭自然史》（一七八九）的懷特才五十四歲的時候就哀嘆：「經常發作的耳聾十分不便，真令人難過，幾乎快要剝奪了我當自然學家的資格。[21]」

鳥類不一樣，因為牠們的毛細胞會換新。鳥類似乎也比我們更能容忍巨響造成的損害。目前有許多人投入相關的研究，如果能確定鳥類更換毛細胞的機制，或許能找出治療人類耳聾的方法。到目前為止還沒有人找到答案，但研究人員在探索的過程中更了解聽覺，也明白遺傳的基礎是什麼[22]。

第五，設想我們每年冬天都失去能力，無法辨認電話那頭的聲音，會是什麼樣子？很不方便？的確，對我們的生活型態來說很不方便，但鳥兒的聽力一年之中真的會變動。

鳥類學上的發現最值得注意的有一項，人類發覺到溫帶地區的鳥類內部器官換季時也會出現重大的變化。最明顯的變化包括生殖腺。舉例來說，雄的家麻雀到了冬天，睪丸就比針頭還小，但到了繁殖季節就腫成焗豆那麼大。如果人類也有這種變化，過了繁殖季節，睪丸大概跟蘋果籽差不多。雌鳥也有類似的季節變化：冬天的輸卵管只是一條細絲，在繁殖季節就變成肌肉發達的大管子，讓蛋可以通過。

白日長度改變，刺激腦部釋放荷爾蒙，在適當的時候則來自生殖腺本身，就會引發這些重大的影響。然後荷爾蒙再刺激雄鳥開始唱歌。在跟這些變化有關的發現中，影響最深遠的則是在一九七〇年代有人發現腦各個部位一年當中也有大小的變化。以前根本沒人想過這件事，因為就傳統而言，腦的組織和神經元都「固定了」，也就是生下來就是這個樣子，只好湊合著用到死掉為止。本來我們以為鳥類也一樣。發現鳥兒並非如此，神經生物學和歌曲學習方面的研究都出現了突破性的變革，再度復甦，因為先不說別的，這個現象有可能幫我們找到神經退化性疾病的療法，例如阿茲海默症。

鳥類腦中控制雄鳥習得和傳達歌曲的中心在繁殖季節結束時會縮小，到了下一年春天又會長大。腦部運作的成本很高（人類大腦消耗的能量高達其他器官的十倍），因此鳥類能關閉這些在某些時候不需要的部分，也是很明智的節能策略。

在溫帶地區，鳥兒通常最愛在春季鳴唱；這時雄鳥會建立領域，用歌聲來防禦，也用歌聲來吸引伴侶。然而，少數幾種溫帶鳥兒，如河烏和鷦，則在冬末建立領域，開始唱歌的時間也比較早。一年當中，鳴禽的聽力在唱歌最重要的時候最為敏銳。

這也有道理。如果唱歌一定是春天的活動，那鳥兒的聽力在這時變強，就占了優勢。拿雄鳥來說，牠們得能夠分辨周圍是鄰居還是可能帶來威脅的敵人，雌鳥則要能辨別未來伴侶有什麼樣的特質。有一項研究涵蓋了北美的三種鳴禽，黑頂山雀、黑額簇山雀和白胸鳾[23]，結果顯示季節變化時，敏銳度（偵測聲音的能力）和處理能力（詮釋聲音的能力）都會跟著變化。進行這項研究的盧卡斯認為，可以想像這三種鳥都在聽樂隊演奏：

黑頂山雀在繁殖季節的處理能力顯示寬頻帶增加，因此在繁殖季節時樂隊的演奏其實更為入耳。黑額簇山雀的處理能力沒有變化，但牠們的敏銳度確實改變了，所以樂隊並不會變得更好聽，不過音量變大了。白胸鳾則出現了窄頻帶增加，處理能力增加了兩千赫。因此如果樂隊的主調是C(7)或B(6)，就變得更好聽，不過樂器的音色不會變得更悅耳。

你可能沒想到，人類的聽力也會出現可預期的規律變化，起碼女性是這樣，而關鍵在於雌激素：雌激素很高的時候，男性的聲音聽起來更深沉。效果非常細微，大多數女性都沒有發覺，但即便如此，在選擇伴侶時仍是很重要的因素[24]。

鳥類發出的聲音有的像大麻鷺這樣低沉，有的像歐亞戴菊和美洲的戴菊這樣高亢。聲音的頻率（或音高）測量單位是赫茲（單位時間內的振動次數），通常用千赫來表示。大麻鷺的隆隆響聲測出來的周期是每秒兩百次，也就是二百赫茲或〇・二千赫。相反地，歐亞戴菊的頻率大約九千赫。這兩種聲音之間的頻率差不多涵蓋了鳥類能發出的聲音頻率。像金絲雀這樣典型的鳴禽，唱歌的頻率大概是二或三千赫。如我們所料，鳴禽發出的音頻很接近牠們能聽到的聲音，說得精確點，也就是牠們最敏銳的頻率。人類聽得最清楚的頻率為四千赫，但我們在年輕的時候，能聽到最低二千赫和最高二十千赫的聲音。鳥兒則對介於二和三千赫之間的聲音最敏銳，大多數的鳥都能聽到〇・五和六千赫之間的聲音[25]。

人類和鳥兒能聽到的聲音通常用「聽力圖」或「聽力曲線」來表示。用圖形顯示動物聽力範圍內不同頻率下能聽到的最輕聲音。橫軸為頻率圖（單位為千赫），縱軸為響度。U型曲線表示鳥類和人類能聽到的最輕聲都在中間的頻率範圍內；要聽到頻率更高或更低的聲音，必須要放大音量。人類和大多數鳥兒的聽力圖都差不多，但人類在中低頻率下的聽力更好。貓頭鷹的聽力勝過其他鳥類（和人類），因為牠們能聽到更輕的聲音，鳴禽在高頻率下的聽力則比其他鳥更好。雖然測試過的種類不多，但很有可能大麻鷺對低頻率的聲音最為敏銳，而歐亞戴菊則對高頻率的比較敏銳。

鳥類用聽力來偵測是否有敵人靠近、覓食以及分辨自己的夥伴和其他物種。要能達成所有的目的，必須能識別某個聲音從哪裡來，辨別有意義的聲音以及其他鳥類和環境產生的「背景」噪音，區別類似的聲音，就跟我們能分辨不同人的聲音一樣。

假設你在一個陌生的地方，獨自一人待在黑暗裡，不知道會不會碰到危險。突然有個奇怪的聲音，可能是踩在石礫上的腳步聲……但你不知道從哪個方向來。背後、前面還是旁邊？如果你要準備速速逃命，一定要知道可能代表危險的聲音從何而來。無法確定聲音的位置，會讓人非常焦慮不安——尤其是在生命受到威脅的時候。當然，我們平常總能順利找到聲音的來源，有光的時候能用眼睛檢查，確定聲音從哪裡來。

我們會無意識地比較聲音什麼時候分別到達兩隻耳朵，來確定聲音的位置。我們的頭夠大，兩隻耳朵也分開得夠遠，讓聲音到達兩隻耳朵的時間略有差距。在寒冷乾燥的空氣中，海平面高度的聲音速度為每秒三百四十公尺，表示聲音到達兩隻耳朵的最大時間差為〇・五毫秒（一毫秒為一秒的一千分之一）。如果聲音到達兩隻耳朵的時間偵測不到差異，我們會假設聲音來自正前方（或正後方）。鳥兒的頭比人類小，蜂鳥和戴菊的頭又特別小，因此在同樣的條件下，牠們很難找出聲音的位置。的確，兩隻耳朵只隔一公分的話，聲音到達兩隻耳朵的時間差還不到三十五微秒（一微秒是一百萬分之一秒）。小型鳥用兩個方法避開這個問題：第一，牠們搖頭的頻率超過人類，有效增大頭部尺寸，好偵測到時間差；第二，比較聲音到達兩隻耳朵的細微音量差距。

聲音的類型也會影響辨認來源的容易度，鳥類在溝通時也善加利用這一點。我們早就知道鶇或山雀等鳥兒看到鷹之類的掠食者飛過頭上時，會發出高亢的「滲透」叫聲。牠們的高頻率（八千赫）有可能讓這些叫聲變成敵人聽不見的聲音（大多數掠食者都比獵物大，體型較大的鳥比較聽不清楚頻率較高的聲音）。這些警告的叫聲開始和結束都難以察覺，因此特別難定位，結構如你所預期，發信號的那方不想把注意力引到自己身上。相反地，這些鳥兒看到正在歇息的貓頭鷹時，會發出完全不同類型的叫聲，牠們突然發出刺耳的鳴叫：比較容易定位的聲音。重點就在這裡。鳴禽發現不在獵食的敵人時，想要讓其他鳥注意到，召喚其他的鳴禽群起圍攻，把敵人趕走。這兩種叫聲有個地方很耐人尋味，有好幾種鳥的叫聲都很像[26]。

偉大的法國博物學家路克列赫（通稱布豐伯爵）在十八世紀中期的鳥類史著作中提到貓頭鷹的這一點：「（牠們的）聽覺……似乎比其他鳥類更傑出，或許超越所有其他動物；因為和四隻腳的動物比起來，鼓膜比例非常大，而且可以隨心所欲開闔耳朵，其他的動物都辦不到。」布豐這裡指某些貓頭鷹巨大的耳孔，有些貓頭鷹的耳孔高度甚至跟頭骨一樣，在看烏林鴞的展示時我就觀察到了。

烏林鴞看起來巨大，其實不然；是漂亮蓬鬆的羽毛造成的假象。事實上體型不大，只是穿了很大的絨毛外套。我檢查過一隻圈養烏林鴞的耳朵，牠躺在主人的懷裡，像個嬰兒，睜大眼睛看著我。我很小心地觸碰牠眼睛後面的地方，真不敢相信羽毛有那麼深，牠的頭顱居然那麼小。整整十公分的羽毛讓烏林鴞有顆大頭。眼睛周圍的臉盤有一條黃褐色的羽毛畫出了界線，正好標記出兩邊耳孔裂縫的後緣。輕輕把一邊的羽毛往前撥，露出了耳孔。從上到下大約四公分，好大，而且複雜到令人迷惑；開口用可以移動的皮瓣蓋著，周圍有很特別的羽毛。前緣從上到下有一排寬軸的硬羽毛，而皮瓣後緣則襯了細緻的絲羽，後面還有一片濃密的羽毛，讓我想起羅馬古劍排成的方陣。開口本身很大，有很多片鬆弛的皮膚，有點像人類的耳朵生了蛆。我又換了一邊檢查，雖然我知道烏林鴞的耳朵不對稱，但不對稱的程度也太驚人了。正面看著牠，右耳在眼睛下方的七點鐘方向；左耳則在兩點鐘方向。豐厚的頭羽只是為了支撐臉盤這塊巨大的反射器，目的在於把聲音導向耳孔去。

一九四〇年代的一個下午，泰隆在美國蒙大拿州的森林裡，碰到獵食中的烏林鴞。烏林鴞棲息在樹梢，離地大約四公尺：

幾分鐘內，那隻烏林鴞從棲木上往下俯衝三次，顯然什麼都沒抓到。第四次衝下去的時候，牠撞到了地面，還挺用力……抓著一隻死掉的囊鼠飛走了。囊鼠掘地的聲音可能被烏林鴞聽到了，因為牠看起來就像在聽什麼聲音，然後才要衝下去。檢查過現場後……顯然烏林鴞撞破了囊鼠窩一條進食通道的薄薄屋頂[27]。

後續其他人的觀察透露了烏林鴞用同樣的技術，也就是完全靠聲音，抓住了雪下的囓齒類動物：

烏林鴞觀看、聆聽、左右搖頭，偶爾專注地凝視地面。一找到獵物，就往下直衝，看似用頭撞進了雪地，其實在最後一刻牠的腳往前伸到下巴下方，抓住了獵物[28]。

為了光靠聲音來打獵，烏林鴞一定要有絕佳的聽力，但也需要能在水平面和垂直面上精確找出聲音的來源。牠們的聽覺適應十分值得注意，包括能發揮大型耳廓作用的臉盤，把聲音朝著不顯眼的耳孔集中。雷和威勞比等早期的博物學家於一六七〇年代評論過，倉鴞的眼睛：「凹入了（臉部羽毛的）中間，彷彿位於坑洞或山谷的底部。」雷和威勞比卻沒領悟到臉旁兩側因為臉盤而產生的山谷可以提高「收集」聲音的功效，也提高貓頭鷹定位聲音的能力。過了三個世紀，累積了更多知識後，研究貓頭鷹聽力的小西正一寫道：「看到臉盤的整體設計後，一定會想到收集聲音的裝置。[29]」

第二個適應則從中世紀大家就知道了，便是烏林鴞等種類擁有比其他鳥類都大出許多的耳孔。說到「耳」可能會造成混淆，有些貓頭鷹「有耳朵」，例如美洲鵰鴞、長耳鴞和短耳鴞頭頂的羽簇看起來很像耳朵，但跟聽覺沒有關係。我指真正的耳孔，跟烏林鴞一樣，兩邊不對稱，一邊比另一邊高。很多種貓頭鷹都有不對稱的耳孔，在大多數情況下，只會影響外耳的軟組織，但鬼鴞、棕櫚鬼鴞、長尾林鴞和烏林鴞的頭顱也不對稱，即便兩隻耳朵內部的結構一樣。

科學家在一九四〇年代發現這一點很重要，龐夫瑞指出，不對稱的耳朵能讓貓頭鷹更容易找到聲音的來源。一九六〇年代，紐約動物學會的佩恩（後來因研究鯨魚歌曲而出名）在漆黑的房間裡，用圈養的倉鴞來證明上述說法。實驗的設計很精巧：連續數天都在黑暗的地方，用貓頭鷹看不到的紅外線燈觀察；在一片漆黑中，當老鼠把蓋在地上的樹葉弄出唏嗖聲時，倉鴞仍能輕鬆抓到老鼠。為了測試倉鴞追蹤的對象，佩恩做了一個實驗，房間裡的地板鋪了泡綿，再把會發出聲音的葉子綁在老鼠的尾巴上。倉鴞對著樹葉俯衝（聲音的來源），而不是老鼠，本來還有人提議倉鴞可能有紅外線視覺或其他感覺，這個想法就此推翻，證實光靠聲音當成線索就夠了[30]。

有趣的是，倉鴞唯有完全熟悉了房間的配置，才能在黑暗中抓到獵物；移入新房間的倉鴞就不願意在漆黑中打獵。這也合理：在沒有光的地方俯衝而下，什麼都有可能帶來極度的危險，除非跟我們等一下要討論的油鴟一樣，具備額外的感覺機制。在黑暗中捕食，倉鴞會立刻出動，以便直接回到棲木上，免得在黑暗中飛來飛去卻徒勞無功。要在黑暗中狩獵，必須非常熟悉地形，或許就解釋了為什麼有些夜行性貓頭鷹終其一生都留在同一片領域裡。一絲光線也沒有的晚上很少碰到，但真的漆黑一片時（比方說雲層很厚，沒有月亮），一定要用詳細的地形資訊來判斷貓頭鷹能否在毫髮無傷的情況下飽食一頓[31]。

貓頭鷹最令人好奇的便是牠們安靜飛行的能力；拍翅膀幾乎沒有聲音。小西正一分析他養的一隻倉鴞拍翅膀的聲音時，根本沒想到頻率會這麼低——大約一千赫。這個能力有什麼好處？即使倉鴞在飛，翅膀的聲音也不會影響到牠聆聽獵物的能力。老鼠在樹叢中亂竄的聲音頻率比較高，介於六到九千赫。此外，由於老鼠對頻率低於三千赫的聲音相對來說比較不敏銳，就聽不到貓頭鷹飛來的聲音[32]。

每年夏天我都回到斯科默島，繼續我在一九七〇年代開始的崖海鴉研究。夏季最重要的事情就是爬上繁殖的岩架，抓幾百隻雛鳥來上腳環，之後就可以確定牠們開始繁殖的年紀以及能活多久。想上環，得要爬上牠們繁殖的岩架，用頂端裝了牧羊杖的碳纖維釣魚竿抓雛鳥。需要大家通力合作，一個人負責抓，一個人負責拿（把雛鳥從杖上取下，放在網袋裡等待上環），一個人負責上腳環，還有一個「文書」（做筆記，記錄哪個環上在哪隻鳥身上）。過程也很吵，因為雛鳥被我們抓來的崖海鴉親鳥會大聲亂叫，離開了親鳥的雛鳥則用更高的音域回應。有時候岩架上吵到我們得對著文書大吼環號。上了一天腳環，我們的耳朵也嗡嗡作響了。

雛鳥一定認得出自己的父母，反之亦然。事實上，雛鳥還沒孵出來，牠們就已經熟悉了彼此的叫聲：等蛋殼上裂了第一個洞，雛鳥和成鳥就開始彼此呼喚。在正常的情況下，崖海鴉聚落很吵，但雛鳥會黏在親鳥身邊，通常不太需要一直喊叫。但如果鷗或其他掠食者靠近，導致成鳥必須暫時丟下雛鳥，等牠們一回來，親鳥和雛鳥一定要立刻找到彼此。當幼鳥離開聚落的時間到了，這一點尤其重要，大約三周大的時候幼鳥會一齊在黃昏時離開。幼鳥還不會飛，通常會從岩架跳到下面的海裡，父親通常在海裡等著，或就跟在後頭。一定不能分開。在非常大型的聚落中，比方說加拿大紐芬蘭外海的芬克島上，或許同一晚有成千上萬隻幼鳥要離開，父親和孩子很難保持聯繫。牠們用自己獨特的叫聲避免分散。崖海鴉幼鳥離巢時，叫聲雜亂無章：幼鳥高聲喂囉喂囉喂囉，成鳥則從喉頭發出刺耳的嚎叫。值得注意的是，大多數成鳥和幼鳥在海上都能找到彼此，一起朝著大海游去，然後共度好幾個星期。

崖海鴉的聽力很好，能夠穿越層層的噪音，選出最有關係的叫聲。基本上這是性命攸關的事，因為找不到父親的幼鳥會死掉。自然選擇給牠們的聽力系統讓成鳥和幼鳥除了能聽到彼此的叫聲，還能在周遭無關的叫聲中辨認自己的家庭。鳥兒可以篩選和忽略無關的聲音，只把注意力放在同種的叫聲上，以及用叫聲來分辨特定的成員。

在紛亂的背景噪音中，專注只聽某個聲音或歌曲的能力稱為雞尾酒會效應。住在吵雜環境裡的鳥兒都會碰到這個問題。想想看清晨的合唱好了：在原始的棲息地中，可能有多達三十種鳴禽一起唱歌，而每種鳴禽各有幾隻，這個結果可能讓人耳朵都要聾了。每隻鳥除了辨別自己的同類，還能認得出誰是誰。同樣地，來到市中心棲息的歐洲椋鳥通常會停在教堂的塔樓或其他比較高的地方，數百隻開始放聲歌唱。牠們真能在這一大群鳥中分辨得出每一隻鳥嗎？答案或許是肯定的。在一些實驗中（跟我們常看到的那一大群比起來，鳥的數目不算多），圈養的歐洲椋鳥能夠根據歌曲辨認每一隻鳥，就算同時播放好幾隻歐洲椋鳥的歌也一樣[33]。

除了要處理其他鳥的聲音，鳥兒能聽到什麼也脫離不了實際環境的影響。海鳥一定會聽到海浪拍打聚落懸崖的聲音；在蘆葦床中繁殖的鳥兒則會聽到一大片蘆葦的颼颼聲；住在雨林裡的鳥則聽到落在數百萬片樹葉上的雨水聲。

大家從很久以前就都知道，當距離拉遠了，聲音也會變得模糊。用來描述這種降級現象的術語是「衰減」，大家也知道不同棲息地的衰減現象也不一樣。在平坦開闊的棲息地，聲音比在森林或蘆葦林裡傳得更遠。一九七〇年，科學家開始研究在不同棲息地中衰減對鳥鳴的效應。結果跟一九四〇年代拍攝泰山電影的人預期的一樣，雖然他們沒有注意到，但原聲帶裡常有非常特別的鳥叫聲：低頻率、如笛聲般的長長口哨聲，我們現在聽到仍會聯想到雨林棲息地。駐在巴拿馬生物學研究站（史密森尼熱帶研究所）的摩頓也注意到了，納悶這種叫聲是否為自然選擇的產物，以便在樹木茂密的棲息地提高傳輸效能。要確認聲音的特質會不會影響在遠處能聽得多清楚，首先要測量不同棲息地中不同特質聲音的衰減。摩頓用錄音機播放聲音，在不同的距離和不同的棲息地測量聲音品質。他發現低頻率的純粹聲音在雨林中比其他類型的聲音能傳得更遠，然後他從森林和附近的開放式棲息地錄製鳥兒的聲音，比較牠們的叫聲。果然，住在森林裡的鳥叫聲頻率比較低。一般來說，低音叫聲比高音叫聲傳得更遠，這就是為什麼霧角要用低沉的聲音，也因此大麻鷺和鴞鸚鵡是聲音傳輸的冠軍[34]。

摩頓的研究比較了不同的鳥種，但其他鳥類學家不知道住在不同棲息地的同一種鳥是不是也有相同的結果。諾特邦率先開始單一鳥種的研究，對象是中美洲和南美洲常見的紅領帶鵐。正如摩頓的跨物種比較所預測，紅領帶鵐的歌聲在森林裡會有比較多悠長緩慢的哨聲，在開放的棲息地裡則比較多顫音[35]。後來的研究比較了在歐亞大陸茂密森林中以及在開闊的森林棲息地中繁殖的白頰山雀，結果也很類似[36]。

最近對都會鳥類做的研究帶來了引人注目的證據，證實鳥類會巧妙地回應背景噪音。德國柏林的夜歌鴝歌聲比鄉下的同種高出十四分貝，在周間尖峰時間的早上，交通最為吵雜的時候，歌聲也比較響。另一方面，白頰山雀不會改變歌聲的音量，但會變化頻率或音高來配合都會噪音。這兩種鳥都會調整歌唱行為，不管背景多麼吵，都要確保自己的歌聲仍能傳出去[37]。

在吵雜的環境中提高說話的音量其實是一種反射行為，叫作倫巴效應，倫巴是法國的耳鼻喉科專家，於二十世紀早期發現人類有這種現象。假設有人跟你講話，而你正戴著 iPod 的耳機，當你回答的時候會不經意地提高聲量，對方說：「不需要這麼大聲！」這就是倫巴效應最顯著的時候。

寫這本書的時候我到了紐西蘭，追完了鷸鴕和鴞鸚鵡，我休息了幾天去南島的峽灣地區參觀。天氣正好，風景壯麗，但這一帶聽覺上的荒涼才是最令人稱奇之處。我鮮少到過這麼安靜的地方。對，很平靜，卻是帶著憂鬱的沉寂。覆蓋峽谷的森林曾有鳥兒居住，而早期移民犯了個錯，他們帶進來的白鼬和其他幾種鼬把鳥都殺光了。紐西蘭本島上聽不到原生的鳥鳴，讓我不禁納悶，引進的林岩鷚、黑鶇和歐歌鶇在紐西蘭的歌聲是否比在歐洲的家鄉更柔和，因為沒有競爭對手。

我剛才敘述過的研究清楚指出棲息地會影響鳥兒唱的歌曲類型，也算符合聲音衰減的現象。然而，這些研究只提供了鳥兒本身在不同棲息地會用不同方法聽到聲音的間接證據。一項對北美卡羅萊納鷦鷯做的研究提供了不錯的證據，牠們幾乎一年到頭都用歌聲保衛自己的地盤。植物上有沒有葉子（冬天沒有，夏天有）會嚴重影響歌曲聽起來的樣子。植物上有葉子的時候，卡羅萊納鷦鷯的歌聲隨著距離減弱的速度會比冬天沒有樹葉時更快。納吉布的廣播在同一地點用同樣的音量讓歌曲聲音減弱或解除減弱時，鷦鷯要回應解除減弱的歌曲，通常會直接對著喇叭飛去。然而，播放聲音減弱的歌曲時，鳥兒會飛過喇叭，似乎認為入侵者在更遠的地方。也就是說，鷦鷯能辨別減弱和解除減弱的歌曲有什麼差異，隨之調整自己的行為[38]。

在聽覺上，顯微鏡或高度攝影機的對等物則是聲譜儀，這種機器能產生聲音的圖片。一九四〇年代由美國的貝爾電話實驗室發明，劍橋大學的索普率先用來了解鳥鳴。能「看見」用聲譜圖表達的聲音，鳥鳴研究因此改觀。當然，之前早就有錄音機了，但聆聽鳥鳴，就算放慢了速度，也不如影像易懂，更容易找出解決辦法。只有把聲音信號轉換成視覺信號，我們才能開始體會鳥鳴究竟有多複雜，並推測出鳥兒究竟能聽到多複雜的信號，能理解多少。大學時代，我花了三個月時間研究橙腹梅花雀的聯絡音，仍記得聲譜儀在感熱紙上燒出聲音影像（聲譜圖）的獨特刺鼻味。

聽聽看三聲夜鷹（北美洲的一種夜鷹）的歌聲，聲如其名，雖然只有三個音符，在希伯里的《北美鳥類圖鑑》中表達成：會－普－威；但如果用這叫聲製成聲譜圖，就能從「慢動作」的視覺化來看清楚，牠的叫聲其實有五個分開的音符，而不是三個。人耳聽到的叫聲速度很快，音符間的區分也模糊了。鳥類學家安斯里在一九五〇年代發現了這件事，那時還不清楚三聲夜鷹自己會聽到三個還是五個音符，因為我們對鳥兒的聽覺所知甚少。然而，如安斯里指出，如果看看北美小嘲鶇模仿三聲夜鷹的聲譜圖，牠會用五個音符，而不是三個，表示這種鳥起碼能解析三聲夜鷹歌聲中的細節[39]。

人類聽覺測驗的結果指出，當聲音的間隔靠近十分之一秒的時候，我們解析不同聲音的能力就失靈了。然而，很多鳥歌聲中的元素間隔更短，也有愈來愈多的證據指出鳥兒能察覺這樣的差異。的確，在聽覺方面，鳥類比人類更強。牠們的腦子裡彷彿有聽覺上的慢動作選項，能夠聽見我們完全察覺不到的細節。那就有趣了：如果我們能聽到鳥兒聽見的鳥鳴，我們仍會覺得「很好聽」嗎？仍會認為鳥的歌聲很像音樂嗎？

鳥兒能聽見歌聲中的細節，還有一個很明顯的證據，便是金絲雀歌聲中所謂的「性感音節」。雄金絲雀趁雌鳥要下蛋的時候在牠面前唱歌，雌鳥回應時通常會蹲伏請求交配。詳細分析後我們發現，歌聲中能引發這種回應的地方是一連串快速交換高低頻率的元素（分別從鳥兒的鳴管右側和左側發出），速率大約是每秒十七次。在我們聽來，歌聲中突然爆出性感音節時很像連續的顫音，但雌鳥聽得到細節。瓦萊特用電腦創造出人工歌曲，運用性感音節不同的成分，改變音節中的間隔加快或放慢速度，然後播給雌鳥聽。雌金絲雀能毫無困難地分辨這兩種節拍，聽到比較快的顫音時蹲下請求交配，展現牠的偏好[40]。

開車穿越厄瓜多不朽的山景，我們往下進入森林中的山谷，路陡到感覺像在 Google 地球上按放大鍵。往下，往下，再往下，滑下了崎嶇的路徑，過了四十五分鐘，終於在一團煙塵中停下來，旁邊是個小深谷。感覺不怎麼樣：構造粗陋的竹子鷹架撐著從岩石裂口中出現的黑色塑膠管。踩過塑膠垃圾、卵石和落葉，我們在陽光照不到的峽谷裡輕手輕腳往前行。走了幾公尺，我們轉了個彎，突然碰到三隻坐在低矮突出、泥濘岩石上的油鴟。這麼靠近，我們嚇到了，我們的侵入也嚇到了牠們。毫無預警地，牠們嘩啦啦飛上了天，如惡魔般尖叫，還發出喀嚓聲。事實上，牠們長得也像惡魔，中世紀的外型比較適合出現在哈利波特的電影裡，而不是熱帶地區。當地人給牠們取的名字 *guácharos* 意思是「愛哭愛嘆氣」，或許也是擬聲字……有人比喻成撕裂絲綢的聲音。牠們的拉丁學名 *Steatornis* 字面上是「油鳥」，以前的人會用非常肥胖的幼雛來榨油，然後用於烹飪。

最後，牠們停在離地十公尺的岩架上，緊緊靠在一起。外表像鷹和夜鷹的混種，叫「大夜鷹」或許很恰當，但牠們的習慣跟鷹相去甚遠。牠們有巨大漆黑的眼睛，海象般的鬍鬚，包括十二條長剛毛，從兩邊嘴角往下撇，大大的鳥嘴很像鷹，橢圓形的鼻孔很有特色，而最引人注目的應該是黃褐色羽毛上一排排明亮的白點。圓點有三排，在翅膀、尾巴和胸口上，頭頂上也有點，就像散落的星塵。我們動也不動地站著，彷彿生根了，除了敬畏，也怕打擾了這些特別的鳥兒。過了十五分鐘，牠們似乎鬆懈了下來，閉上眼睛，回到受我們入侵前的夢鄉裡。等我們的眼睛也習慣陰暗後，牠們的眼睛也習慣燈光了，我們看到更多隻鳥兒散布在岩架上和小洞穴裡。導遊說，大概有一百隻鳥：還有更值得讚嘆的理由，厄瓜多只有少數幾個油鴟的棲息地，這裡就是其中一個。但這種鳥的處境岌岌可危。那條穿過峽谷的塑膠水管來自上面新蓋的路，離牠們只有數十公尺遠。

修這條路，對林木茂密的谷底頗有危害，一路往前會愈來愈寬，奪走了兩側的森林。一旦開通後，不知道油鴟能撐多久；很難想像牠們白天在打瞌睡時，頭上鬧哄哄如雷鳴般的大卡車不斷通過，留下一團柴油煙霧。也很難想像萬一沒有樹了，牠們要怎麼找到足夠的水果來當食物。

有少數幾種鳥跟很多種蝙蝠一樣，在一片漆黑中，靠著聽到自己聲音的回響來飛行，油鴟也是其中一種。大家都知道蝙蝠用回聲定位在黑暗中移動，但過了很長的時間，歷經一番辛苦，科學家才發現蝙蝠的這個特異功能。

史帕蘭扎尼（一七二二至一七九九）是耶穌會教士，也在義大利的帕維亞大學擔任自然科學教授，他率先研究蝙蝠的感覺和其他許多主題。他對自然世界的好奇心永無止境，觀察能力過人，設計出的實驗也非常巧妙。看著圈養的倉鴞，他注意到如果鳥類不小心弄滅了照亮室內的蠟燭，也就失去了避免碰撞的能力。蝙蝠就沒有這個問題。史帕蘭扎尼從附近的洞穴收集了蝙蝠，放在一絲光線也沒有的地方，牠們「繼續飛行，就跟以前一樣，不會被障礙阻攔，也不會像夜行性鳥類（也就是貓頭鷹）一樣掉在地上。」史帕蘭扎尼用黑布蓋住兩隻蝙蝠的眼睛，牠們仍能正常飛行。

這些現象讓我做了另一個實驗，我覺得很有決定性，也就是把蝙蝠的眼睛拿掉。因此我拿了一把剪刀，把蝙蝠的眼球完全移掉了……拋入空中後那動物很快就飛起來，循著不同的地下通道從一端飛到另一端，跟沒有受傷的蝙蝠一樣快一樣有把握……這隻被拿掉了眼睛的蝙蝠完全看不見，我真不知道該如何表達我的驚訝[41]。

史帕蘭扎尼不知道蝙蝠是否有第六感。他寫信給有可能提供協助的人，挑戰大家：能不能發現眼盲的蝙蝠如何能在黑暗中「看見」？史帕蘭扎尼的一封信於一七九三年九月在日內瓦自然史學會公開朗讀，瑞士外科醫生兼自然史學家朱林也在聽眾中。被勾起好奇心的他決定要自己做實驗，一開始先重複史帕蘭扎尼做過的，但加上設計巧妙的變化。除了拿掉蝙蝠的眼睛，他也用蠟封住了蝙蝠的耳朵，發現牠們「無助地撞到所有的障礙」，讓他非常驚訝[42]。結論非常特別：蝙蝠需要聽見，才能「看見」。

第二天，史帕蘭扎尼聽說了朱林十分突出的結果，也立刻開始做自己的新實驗，把蝙蝠弄聾了，證實牠們要依賴反射的聲音，但不知道聲音從何而來。他無比困惑，說：「但是，如果上帝愛我，要怎麼解釋或表達這種聽覺假設呢？」如果蝙蝠都不發出聲音，在避開障礙時為什麼牠們的耳朵如此重要？實驗不管做了多少次，都有相同的結果；問題在於他無法想像有些聲音不在人類聽覺的範圍內，總之說不通。

頗具影響力的知名法國解剖學家居維葉（一七六九至一八三二）於一七九五年決定，蝙蝠透過觸覺避開障礙，但他除了邏輯外，沒有其他證據。即使史帕蘭扎尼已經做過測試，很有理由拒絕觸覺的假設，居維葉的想法卻變成大家都能接受的解釋，他「為史帕蘭扎尼和朱林留下的混亂理出了秩序而得到讚美」。居維葉那時所持的理由是蝙蝠不可能發出人類聽不到的聲音，史帕蘭扎尼和朱林的想法純屬想像[43]。

之後過了一百年，觸覺的想法一直沒有人推翻，後來又流傳出兩種可能。一九一二年四月，鐵達尼號沉沒後，第一個想法浮現了。工程師兼發明家馬克沁知道眼睛瞎了的蝙蝠仍能避開碰撞，深為佩服，也想找出在起霧的天氣中能否用儀器偵測強大低頻率聲音的回聲，用類似的方法避免船隻碰上冰山和其他的船。他假設蝙蝠會聽到自己拍打翅膀產生的低頻率聲音和回聲，做出相對的回應。也就是說，馬克沁首度提出人類耳朵可能聽不到蝙蝠用的聲音。

第二個想法則為生理學家和聲音專家哈特里奇（一八八六至一九七六）所獨創，他想到第一次世界大戰時發展出來的水下物體偵測技術。他不知道蝙蝠避開障礙是否靠反射，而他假定反射的則是牠們高亢的叫聲。

看看這兩個想法，哈特里奇的高頻率聲音似乎比較合理，一九三〇年代早期，就讀哈佛大學的葛萊芬決定要實驗一下。他用了唯一能夠偵測和分析高頻率聲音的工具組：物理學家皮爾斯建造的電子設備，用於偵測昆蟲發出的高頻率聲音。研究人員自行設計和製作研究設備並不奇怪，葛萊芬很幸運，皮爾斯願意分享他的科技。結果很值得注意，完美地證實了蝙蝠發出的聲音超越一般人類聽力的範圍。大多數人能聽到最低二或三千赫頻率的聲音，最高則到二十千赫，但葛萊芬研究的蝙蝠發出的叫聲則高達一百二十千赫[44]。

葛萊芬和同學蓋蘭波士著手開始更詳細的調查。他們在一九四〇年代早期投入的心血帶來了重大的發現，蝙蝠除了持續發出高頻率的聲音，需要順利通過特別困難的障礙時，還會提高速率。哈特里奇認為蝙蝠用自己高亢叫聲的回聲避開障礙，因此得到了有力的旁證。很巧的是，這時也有人發現視障人士能發出聲音和聽見這些聲音的反射來偵測障礙，葛萊芬因此想到了「回聲定位」的說法。十年後，葛萊芬也證明了除了用回聲定位來避開障礙外，也用來追捕昆蟲。這一點從來沒人想到。在他開始實驗前，傳統上認為會飛的小昆蟲不會「傳回足夠的聲學能量來產生聽得見的回聲，整個想法太牽強了，不值得認真考慮。[45]」但這就是他的發現，證實了蝙蝠的回聲定位系統比大家想的都還要精密。

葛萊芬很興奮能有這樣的發現，接下來便追蹤油鴟，檢查牠們在一片漆黑中是否也能用回聲定位找出方向。一七九九年，也是史帕蘭扎尼去世的那一年，德國博物學家和探險家洪堡德跟研究植物學的同事邦普蘭到了熱帶美洲。在委內瑞拉的卡里佩，他們參觀了非常巨大的油鴟洞，裡面住了數千隻夜行性鳥兒，當地人都很不願意進去。洪堡德說：「卡里佩的洞穴就像希臘人所稱的地獄『塔爾塔羅斯』，盤旋在洪流上，發出悲傷的叫聲，呼喚冥河的鳥兒。[46]」洪堡德把鳥兒

取名為 *Steatornis caripensis* ——卡里佩的油鳥，雖然鳥兒在洞穴裡飛行的聲音非常吵雜，令他印象深刻，牠們在全然黑暗中飛行的能力卻沒得到評論。

一直到委內瑞拉首都卡拉卡斯的鳥類學家菲爾普斯一九五一年找人曝光在洪堡德洞穴（就是油鴟洞）裡拍攝的底片，才能證明裡面確實沒有光線，鳥兒一定能在絕對的黑暗中飛行。在菲爾普斯陪同下，葛萊芬也進了卡里佩的洞穴去親眼見證。洪堡德爬到洞穴的路途十分艱辛，但到了一九五三年情況已經變了，當地成為重要的觀光景點，葛萊芬可以直接開車到入口，還有管理員和導遊在洞口歡迎他。那時，仍有人收取幼雛來採集脂肪，但是規模已經不像洪堡德那時那麼大，一次就抓好幾千隻。

葛萊芬一行人包括菲爾普斯和他的太太凱西、麥柯迪夫婦和朱洛阿加父子，都進了洞穴。他們走過油鴟築巢的地方，管這裡叫「昏暗地帶」，因為他們主要的目的在於證明鳥兒能在什麼程度的黑暗中飛行。到了洞穴最深處，那個洪堡德雇用的當地導遊拒絕進入的地方，葛萊芬等人關掉了手電筒，坐在黑暗中讓眼睛習慣，而油鴟則在頭上七十五英尺處盤旋，很吵雜，但看不見身影。過了大約二十五分鐘，大家都認同在洞穴這麼深的地方果真沒有光線，葛萊芬整整曝光九分鐘的底片證明了這一點。「我們第一個問題已經得到確定的答案；油鴟確實能在全然的黑暗中飛翔……」牠們也很吵：「我們的耳朵持續被各種嘎嘎聲、尖叫聲、咯咯聲、喀嚓聲和喊叫聲轟炸……但油鴟這些奇特的叫聲是否用於定位，仍沒有明確的答案。[47]」

葛萊芬和同事回頭走向洞穴的入口，此時發生了令人驚異的事情。外頭天色也暗了，鳥兒們開始離開洞穴，尋找水果來餵食幼雛。鳥兒一波波飛向洞穴入口時，牠們剛才的刺耳叫聲不見了，變得完全不一樣：「耳邊一直傳來想像範圍內最高音的喀嚓聲。」後續的分析證實這些喀嚓聲的頻率在人耳能聽到的範圍內，比葛萊芬熟悉的蝙蝠低很多[48]。

下一個問題則是油鴟是否用這些聽得見的喀嚓聲在黑暗中飛行。必須做一個實驗。菲爾普斯幾經困難，和當地的導遊在洞穴入口綁了網子，抓到了幾隻油鴟，在克里奧爾石油公司工作的朱洛阿加則幫葛萊芬借到了公司的洗衣房來做實驗。洗衣房裡的燈都關掉了，長三．六公尺，寬二．四公尺，鳥兒在這個小空間裡飛行時不會碰到牆壁。在黑暗中，葛萊芬聽得到牠們拍翅膀的聲音，當然也聽得到喀嚓聲。然而，他注意到鳥兒避不開電燈從天花板上垂下來的電線，很好奇牠們在大自然中能否偵測到這麼小的東西。

做實驗的時候，他們用棉花塞住油鴟的耳朵，再用膠水封住。如果鳥兒用回聲定位來定向，聽覺就很重要。葛萊芬選了三隻最強壯的鳥兒，把耳朵完全塞住，等了幾分鐘讓膠水凝固。在黑暗的房間裡放出鳥兒。結果非常驚人。每隻鳥都發出強而有力的喀嚓聲，卻立刻撞上了牆壁。移掉了耳塞後，鳥兒立刻恢復能避開牆壁的能力。開燈後，鳥兒也不會撞牆，但發出的喀嚓聲少多了，表示當有足夠的光線時，鳥兒還是最依賴視覺[49]。

整體來說，雖然只用了幾隻鳥，葛萊芬的簡單實驗提供了令人信服的論證，油鴟跟蝙蝠一樣，會使用回聲定位。同時也告訴我們，蝙蝠通常用人耳難以聽見的高頻率聲音，但油鴟不一樣，使用低頻率的聲音。

後來到了一九七〇年代，小西正一及克努德森證實了這些非凡的結果，他們證明油鴟的喀嚓聲頻率為兩千赫，正好對應到牠們聽覺最敏銳的地帶。把這個結果配合我們對蝙蝠回聲定位的知識，小西正一及克努德森認為，油鴟的回聲定位或許相當粗糙，僅能偵測比較大的物體。蝙蝠用的聲音頻率很高，但也用很細的聲波束投射出去，再用非常靈敏的耳朵偵測回聲，好在飛行時能偵測到很小的物體，連飛蛾都不放過。小西正一跟克努德森在油鴟完全黑暗的洞穴裡比較窄的地方放了不同尺寸的障礙（塑膠盤），來測試他們的想法，要通過障礙，鳥兒必須能先偵測到。他們用紅外線觀察油鴟，看著牠們一頭撞上直徑不超過二十公分的圓盤，彷彿盤子不存在。比較大的圓盤就能順利避開[50]。

還有一種鳥會仰賴回聲定位：東南亞的穴金絲燕。跟油鴟一樣，牠們在全然黑暗的洞穴深處繁殖，但跟油鴟不一樣的是鳥巢用乾掉的口水築成（也就是人類採集的燕窩）。在一九二五年的著作中，提切爾曼描述他在婆羅洲的洞穴裡乘了兩個小時的獨木舟：「穿越的過程中，從頭到尾鳥鳴不絕，如雨傾盆而下。無數的雨燕在獨木舟附近拍打翅膀。此處，在汙穢的白色岩石上，雨燕巢多到無法計數，彼此挨得很近，就像一叢叢黑色的醬菜。[51]」

美國鳥類學家瑞普利描述了新加坡的另一個金絲燕洞：

入口是兩個相當窄的半圓形開口，鳥兒穿越時似乎不需減速。在飛行時，牠們發出刺耳的聲音，就像撕開絲綢。站在入口附近觀察的人有時候跟鳥兒的距離不到一英尺，牠們飛行時會發出顫抖聲……顯然那喀嚓聲能起音波作用，防止鳥兒撞上洞壁；衝進黑暗時，牠們似乎一點也不需要放慢速度[52]。

之後，用類似上面以油鴟做的實驗，諾維凱證實了在完全黑暗的洞穴中，穴金絲燕會跟油鴟一樣，用低頻率的聲音透過回聲定位來飛行[53]。

正如龐夫瑞指出，和蝙蝠使用的高頻率聲音相比：「將低頻率聲音用於回聲定位時，實踐上有不少不利的條件，表示鳥耳無法立即改變，改成對超音波的頻率更加敏銳。[54]」

就整體而言，大多數鳥類的聽覺跟人類的十分相近，而值得注意的例外包括夜行性鳥類，以及用聲音來打獵和飛行的貓頭鷹、油鴟和穴金絲燕等等。然而，對我來說，烏林鴞最能代表鳥類極度複雜的聽力。靠著不對稱的耳朵，能精確定位隱身雪中的老鼠，實在令我目瞪口呆。

第三章 觸覺

鳥類……角質狀的喙部似乎不適合用於細膩的觸覺……此處的末端器官（末梢神經）……表示鳥喙事實上是鳥類觸覺最敏銳的地方。

——龐夫瑞，一九四八，〈鳥類的感覺器官〉，《鳥類科學國際期刊》第九十卷第二期，一七一至一九九頁

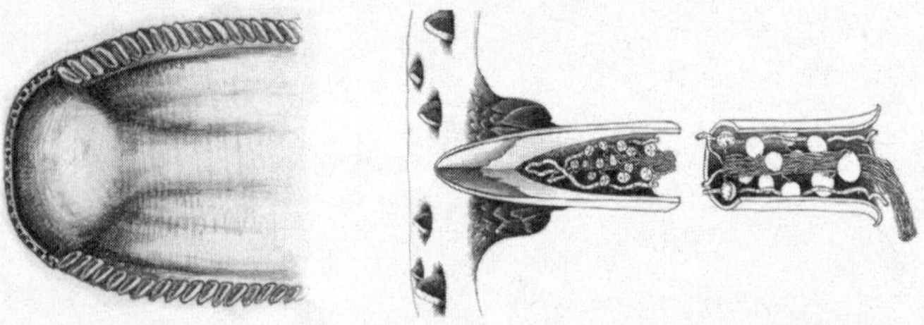

在泥中覓食的綠頭鴨。下圖呈現（左）上嘴喙內部的樣子，可看到嘴緣觸覺感受器的頂端，以及（右）單一個觸覺感受器（放大圖）和兩種神經末梢：格蘭德利氏小體（小）和赫伯斯特氏小體（大），指淺色的球體。

孩子還小的時候，我們養了一隻斑胸草雀當寵物，養了好幾年，牠叫作比利。比利生下來就看不見，在人類陪伴下活得非常健壯，而且牠特別喜歡我女兒蘿瑞，因為蘿瑞從小就開始照顧牠。牠認得出她的聲音，但能辨認她的腳步聲則更令人稱奇，不過牠怎麼能認出來，我們也摸不著頭緒，因為蘿瑞還有一個同卵雙胞胎，比利聽到她姊姊的腳步聲就不會興奮。聽見蘿瑞走過來的時候，比利會放聲唱歌，等她一打開籠門，比利就跳到她的手指上，同時又開口唱歌。興奮過後，比利會懇求蘿瑞幫牠梳理脖子上的羽毛，把頭歪向一邊，豎起頸背的羽毛，如果牠要邀請雌斑胸草雀來幫牠理羽，動作也會如出一轍[1]。

鳥類學家把一隻鳥幫另一隻鳥理羽的動作稱為異體理羽（「異體」指「另一個個體」），和比較常見的自體理羽加以區分。斑胸草雀的整個身體還不如人類的拇指大，如果你曾幫這麼小的鳥理過羽毛，會覺得自己的手指又大又笨拙。我女兒的手比較小，用食指搔癢的動作近似異體理羽，比利愛得很，會閉上眼睛，偶爾轉轉脖子，似乎要讓蘿瑞搔搔其他地方，很像有人幫我們搔脖子或背部的時候也會做的動作。我想幫比利理羽時，覺得自己的手指好巨大，我一定得很小心，才能幫牠搔癢，不然就變成拳擊了。要是我控制的力道不佳，有點不靈活，牠會從白日夢中倏地醒來，啄我或移開身體。

就我看來，比利非常享受異體理羽的感覺，當成對的雌雄斑胸草雀互相幫對方理羽時，似乎也很享受。雖然很容易想到接受理羽的一方很享受那種感覺，卻很難確定幫忙理羽的鳥兒會體驗到什麼。

我撫弄比利脖子上的羽毛時，會敏銳察覺到指尖在牠皮膚和羽毛上的感受，我用得到的資訊調整指尖發出的輕微力道。斑胸草雀彼此理羽時，幫忙理羽的那方是否也有得到同樣的反饋？

乍看之下，鳥兒堅硬的角質嘴喙一定很不敏銳。為了明白用無生命的嘴喙理羽是什麼感覺，有時候我會用乾草梗幫比利理羽，草梗比斑胸草雀的喙還小。事實上，草梗並不像我想像的那麼沒生命，因為我可以感覺到從上面傳回手指的觸覺。此外，比利相當喜歡用感覺更集中的細草梗理羽[2]。

事實上，鳥的喙部絕對不能用無生命來形容。在喙（和舌頭）不同地方的小洞裡，藏了無數的觸覺感受器，靠著這些觸覺感受器，斑胸草雀和其他種類的鳥便能調整異體理羽[3]。

人類手指中的觸覺感受器最早於十八世紀發現[4]，但到了一八六〇，科學家才在鸚鵡和其他數種鳥的喙部發現這些感受器[5]。考慮到鳥喙的本質，鸚鵡的嘴喙似乎不太可能觸覺很敏銳，其實不然，這也正好解釋了牠們為什麼會靈巧到讓人不可思議。

一八六九年，法國解剖學家古戎發現了喙尖神經區。事實上，他發現所有他觀察過的鸚鵡，包括虎皮鸚鵡在內，都有這個部位，上下喙中都有一連串小凹槽，裝滿了觸覺敏銳的細胞。古戎的簡短解釋充滿了熱情：「知道器官的確切構造還不夠，一定要深入本質，盡其所能發掘基本的要素」，他便用這樣的精神來研究觸覺感受器[6]。

如果要檢查鳥兒的嘴喙，為了保持手指完好無缺，選鴨子來研究要比鸚鵡更安全。第一次看到鴨嘴中神經的繪圖時[7]，我想起一九六〇年代末期我還在念動物學的時光，那時我最喜歡的一本書是布斯鮑姆寫的《沒有脊椎的動物》，一九三八年初版。布斯鮑姆筆下描繪的無脊椎動物非凡出眾，令人激賞。有一章的開頭寫：「如果宇宙間所有的物質除了線蟲外都被一掃而空，我們的世界仍可以模糊認出來……[8]」正是這樣，如果鴨嘴中所有的物質除了神經外都掃光了，鴨嘴仍保持原來的外型。光看到那令人注目的神經組織網路，就讓我深深相信鳥嘴絕不是沒有生命的工具，起碼對某些鳥來說，是高度敏銳的結構[9]。鴨嘴中的神經排列非常突出，於十七世紀晚期由英國教士克萊頓發現，他在克羅夫頓擔任教區牧師，文中寫道：

> 我在倫敦的時候，慕林博士跟我一起解剖，我們向英國皇家學會證明，所有會到處搜集肉（食物）的扁嘴鳥都有三對神經在嘴裡；因此我們設想，看不到食物的時候，牠們也能用味覺正確分辨什麼可以吃，什麼不能吃；因為這在鴨嘴和頭部最為明顯，我畫了一張卡（也就是圖解），留給你們保管[10]。

實際上，克萊頓的意思是：假設你拿到一碗什錦果麥和牛奶，裡面加了一把碎石子。你能順利吞下能吃的東西嗎？我想沒有辦法吧，但這就是鴨子最厲害的地方。為了要了解牠們怎麼辨到，先去捉一隻鴨子。然後把牠翻過來，打開鴨嘴，檢查牠的上顎。最顯著的特色便是圓弧狀嘴尖周圍伸展出去的一道道溝槽，但你也要看看鴨嘴外緣的地方。你應該能看到一連串的小洞——大約三十個。再看看下顎，可以找到更多——大約一百八十個。用放大鏡檢查這些孔，可以看到每個孔都伸出圓錐狀結構的尖端，叫作「乳突」，裡面則有一叢二十到三十個微小的感覺神經末梢，這些就是觸覺感受器，透過神經網路連到大腦。

十九世紀的德國解剖學家首先看到鴨子嘴喙內的觸覺感受器。可分成兩種。一種比較大也比較複雜，由赫伯斯特（一八〇三至一八九三）於一八四八年第一個在骨頭內發現，也用他的名字命名，接著一八四九年在鳥類的上顎、一八五〇年在皮膚、一八五一年則在鳥的舌頭裡陸續發現。赫伯斯特氏小體對壓力非常敏感，因此對觸覺也很敏感，呈橢圓形，長約一百五十微米，寬約一百二十微米（一微米是一毫米的一千分之一），但偶爾也會長達一毫米。第二種則是比較小的格蘭德利氏小體（長寬約五十微米），格蘭德利是比利時的生物學家，於一八六九年發現這些觸覺感受器，結構比較簡單，對動作很敏感。這兩種觸覺感受器都在乳突圓錐狀的本體裡，比較小的格蘭德利氏小體在赫伯斯特氏小體上面，其構造美觀無比。

在鴨嘴內外的其他地方還有很多赫伯斯特氏小體和格蘭德利氏小體，尤其是在鴨嘴的頂端跟兩側，但並不像在嘴喙器官中的乳突內那樣疊在一起。在綠頭鴨鴨嘴一平方毫米的範圍內，就有幾百個接受器，都用來探知什麼東西碰到了鴨嘴，什麼東西進去了[11]。

看到鴨子把嘴伸進池塘邊的泥水裡，嘴巴快速開闔，其實牠會從泥裡濾出食物，留下可以吃的，濾掉泥巴、砂礫跟水。鴨子的動作很快，也不需要用眼睛看，只靠敏銳的嘴喙器官和嘴裡散布的其他觸覺感受器，以及下一章會提到的味蕾。我們就是沒有感覺（或物理）器官來達成同樣的目的，因此我們分不開什錦果麥跟碎石子。當然，鴨子在覓食的時候也會用到眼睛，可是用法不一樣，比方說，從小孩手裡接過麵包，一咬住，嘴喙器官就會偵測麵包的質地，如果嘗起來沒問題，就會吞進肚子裡。

有了這樣的敏銳度，斑胸草雀怎麼幫伴侶理羽呢？跟鸚鵡和鴨子一樣，斑胸草雀的嘴喙也滿是神經末梢[12]。嘴裡和舌頭上也有很多觸覺感受器，主要的功能便是讓攝食種子的斑胸草雀可以順利剝掉外殼，這需要在舌頭和上方鳥喙間靈巧地操弄種子[13]。但這些觸覺感受器也要負責把物理感覺轉成神經衝動，回傳的訊息便能讓負責理羽的一方知道該用什麼樣的力道。

這裡有個很明顯的矛盾：一方面我說鳥嘴比大家想像的更敏銳，另一方面你或許很懷疑，啄木鳥怎麼能把嘴巴當成斧頭來用。鳥嘴怎麼能同時具備敏銳和不敏銳的特質呢？答案：我們的手正好一模一樣。捏成拳頭，手就變成了武器，但平平攤開，則具備了最精細的敏銳度，潘菲德的巨掌侏儒就是很好的例子。*啄木鳥用尖銳、感覺不靈敏的嘴尖劈開木頭；不會用到嘴內更加敏

---

*美國神經外科醫師潘菲德（一八九一至一九七六）發明了一個人形小人，外貌反映出腦部組織專用於身體其他部位的多寡。雙手、嘴唇和舌頭都特別敏感，因此在潘菲德的侏儒上也特別巨大。

感的地方。我則比較在意山鷸之類的涉禽和鸛鴕，牠們的嘴尖比較軟，敏銳到難以想像。萬一在土裡覓食的時候不小心撞到石頭怎麼辦？是不是跟人類撞到肱骨內髁的感覺一樣？

有好幾種不同的觸覺感受器分別對壓力、運動、振動、質地和疼痛非常敏感。（顯微鏡下的）外表不盡相同，分布在鳥兒身體不同的地方。人類指尖上的觸覺感受器比手背多，鳥也一樣，雖然全身都有觸覺感受器，但嘴上和腳上最為密集。異體理羽單由赫伯斯特氏小體來調節，但在嘴中控制食物則由幾種不同的觸覺感受器和自由的神經末梢互相協調控制[14]。

群居性強的鳥兒會一起在聚落內繁殖，不然就像合作繁殖的畫眉類和林戴勝一樣，花很多時間彼此理羽。為什麼？有個很簡單的解釋，對於斑胸草雀之類的鳥，異體理羽是一種維護伴侶關係的方法。看看一對斑胸草雀彼此囓咬著對方頸背的樣子，彷彿陷入了愛河。的確，這就是為什麼有種小鸚鵡被叫作愛情鳥。以前的人習慣假設所有伴侶間的行為都能「維護伴侶關係」，例如理羽、親吻和互相餵食，但我總覺得這種解釋不完整，最近才有少許確鑿的證據可以證明這一類的行為能維護伴侶關係。

另一個鳥類異體理羽的解釋則指出這是一種清潔功能，去掉灰塵和寄生蟲。這個解釋也適用於靈長類的異體理毛。演化上的邏輯十分直接了當：比方說，幫伴侶移掉壁蝨，對自己有好處，因為自己被寄生的機會也降低了。從伴侶身上抓掉蜱蟲，也能降低下一代受害的機會。在鳥兒身上，異體理羽可以提供保健功能，起碼有兩個理由。首先，理羽的目標通常是鳥兒自己無法梳理到的羽毛：頭部和頸部。第二，異體理羽特別常見於把巢築得很近的鳥。高密度生活的冠軍應該是崖海鴉，繁殖密度高達每平方公尺有七十對，和鄰居靠得很近，因此最適合壁蝨等外來的寄生蟲四處擴散。崖海鴉也常常異體理羽，除了幫伴侶理，也幫直接接觸到身體的鄰居理。

在斯科默島上，我處理過幾百隻成年崖海鴉，很少找到壁蝨，偶爾會在繁殖的岩架上看到幾隻。但是，一九八〇年去芬克島參觀的時候，那邊大約有五十萬對崖海鴉，繁殖的碎石地上可說到處都是壁蝨。很可惜我沒有機會看到寄生的情況有多嚴重，也不知道異體理羽能否有效去除壁蝨。然而，有個小故事尤其表明了異體理羽為什麼很重要。一九六七年，超級油輪拖雷峽谷號的災難發生，包括崖海鴉在內的成千上萬海鳥被流出的油汙困住而死亡，不久後，少數倖存者被人類救起，並想辦法清洗牠們的羽毛。參與研究的一名學者告訴我，他注意到有隻崖海鴉被壁蝨寄生，壁蝨卡進了牠頭後方的皮膚裡，結果同伴爭先恐後要幫牠理羽。顯然，羽毛裡出現的壁蝨能有力激發理羽的欲望。在另一項研究中，劍橋大學的布魯克證實異體理羽能大幅減少野生長眉企鵝和鳳頭黃眉企鵝身上的壁蝨數目[15]。

靈長類和群居的鳥類有很多共同點。靈長類的緊張互動，例如被更占優勢的個體攻擊，通常受害者會立刻懇求理毛，彷彿要讓自己安心。人類也一樣：我們或許會輕碰別人的手臂或肩膀，用這種手勢得到安心和撫慰。我在雪菲爾一帶研究過喜鵲，異體理羽實在很少見，每次看到我都會做紀錄。跟很多其他鳥一樣，只會出現在成對的鳥兒之間，但更耐人尋味的是，通常在另一隻喜鵲入侵領域挑釁後才會看到。入侵的行為通常會導致爭奪領域的小衝突，之後原本那對喜鵲便飛到高樹上，緊靠在一起，雌鳥會幫伴侶理羽，但雄鳥幾乎不幫雌鳥理羽。因此，異體理羽和緊張的社交接觸顯然有關聯，在另一種非洲鳥類身上更明顯，也就是拉德福和杜普雷西研究的綠林戴勝。

綠林戴勝的外型引人，散發出彩虹光澤的綠紫羽色配上鮮紅色的下彎鳥嘴，喜歡群居，會合作繁殖下一代。一群通常有六或八隻，包含一對正在繁殖的鳥兒，和幾隻幫手，通常是前一次繁殖季節出生的年輕個體。每天晚上，整群鳥會在樹洞裡歇息，因此很容易彼此啄起身上的外寄生蟲，所以異體理羽或許也有清潔功能。這似乎特別有理，因為其他的鳥類理羽時會著重頭頸。不過，異體理羽也有明顯的社會功能。鄰近的兩群林戴勝很容易起衝突，接下來跟喜鵲一樣，同一群的一定會彼此理羽。然而，在這一類情況下的異體理羽重點放在身體的羽毛上，而不是頭部。林戴勝和鄰居的戰爭愈激烈，後續的異體理羽也會愈發加劇。在群體衝突中打輸了，也會比贏家要求更多的異體理羽，可能是因為輸了比贏了更有壓力。這些鳥很喜歡異體理羽，一天最多花百分之三的時間在理羽上，跟靈長類動物一樣，理羽似乎能強化特定的社會關係[16]。

到目前為止，唯一一項探索鳥類異體理羽和解除壓力有什麼關係的研究以渡鴉為研究對象，也證實了在靈長類身上的發現：比較常彼此理羽的渡鴉通常製造出比較少壓力荷爾蒙（皮質酮）。還需要做更多研究，才能證實這是鳥類常見的現象，但我猜答案是肯定的[17]。

海鴉、喜鵲、渡鴉和林戴勝的異體理羽現象顯然跟接受理羽那方皮膚內的觸覺感受器有關。跟人類一樣，鳥的皮膚有很多不同的接受器，對壓力、疼痛、動作等等非常敏銳，但鳥兒還有特化的羽毛，或許也扮演很重要的角色。

羽毛可分為三種類型。數目最多也最容易看到的是廓羽：包括很長很強壯的翅膀和尾部羽毛，也包括覆蓋身體的短羽毛和嘴鬚。第二種則是蓬鬆的絨羽，從外表看不見，在廓羽下方直接貼住身體。絨羽主要提供隔熱作用，因此拿來做睡袋或外套能有效保暖。第三種羽毛大家比較不熟悉，如果你幫雞或鴿子拔過毛，或許才會注意到。去掉了廓羽和絨羽，留下的就是纖羽，如細髮般的羽毛，稀疏分布在整個體表，一定很靠近廓羽的根部。

纖羽有羽幹，有時候尖端的地方會有一小簇羽枝，通常藏在廓羽下。但有些鳴禽的纖羽則會穿出廓羽，比方說蒼頭燕雀的枕部，或名副其實的絲背鶇背上。有些鳥的纖羽則成為炫耀展示的一部分，鸕鶿的纖羽形成羽冠，很值得注意，但最引人注意的則是鬚海雀。這種體重只有大約一百二十克的小型北太平洋海鳥，在繁殖季節特別漂亮，烏黑的羽毛搭配令人驚異的白色虹膜和針孔般的瞳孔，加上一叢臉部的裝飾，朝向前方的黑色羽冠是由變化後的廓羽組成，還有三道銀色的纖羽。一道纖羽從眼睛前方延伸到脖子，第二道從眼睛後方開始，也延伸到脖子，跟第一道平行，第三道則在眼睛上方，跟天線一樣在頭後面突出幾公分。這些鳥在繁殖聚落為夜行性，跟其他海雀一樣，臉部的裝飾或許也是擇偶的條件。但這些羽毛也像貓咪的鬍鬚，當海雀躲進地下石縫間一片黑暗的繁殖地，可以幫助牠們避免碰撞[18]。或許還有其他的功能，因為老鼠跟其他哺乳類的鬚很敏銳，可以幫牠們辨別平滑和粗糙的材質，以及不同大小的物體[19]。

我們一直不知道普通的纖羽有什麼功能。的確，一九六四年出版的重要鳥類學辭典稱之為「退化、沒有功能的結構」[20]，可是在一九五〇年代，德國的研究人員馮菲佛很有先見之明，提出纖羽會透過觸覺感受器來傳輸振動，讓鳥兒能監控和調整羽毛的姿態。她說對了：纖羽非常敏銳，移動時會引發神經衝動，提醒鳥兒可以調整羽毛了[21]。纖羽在鳥兒展示羽毛的時候，一定扮演特別重要的角色——雖然不是直接的。想想看鳥兒用到的羽毛姿態多到不計其數，比方說孔雀開屏，嬌鶲拍打翅膀羽毛的樣子，炫示羽毛的大鴇雄鳥豔麗的絨毛，藍山雀遭受威脅時呈現光滑的羽毛。纖羽的敏銳度表示在異體理羽時一定很重要，被理羽的一方直接撥開，或因為碰到廓羽而間接移動。

在結束纖羽的段落前，我應該也要提一下更容易看見的類似結構。首先，在幾種鳥的嘴角有一排毛髮般的硬毛，在夜鷹、油鴟和鷸身上最為明顯。這些是特化的廓羽，叫作嘴鬚，在根部有很發達的神經分布，表示它們具備感覺功能。夜鷹和鷸的嘴鬚幫牠們抓住飛行的昆蟲。夜行性的油鴟在黑暗中飛行時，嘴鬚可以幫牠們找到水果。第二，某些蟆口鴟和林鴟（很像夜鷹的夜行性鳥類，生活在熱帶）、鸊鷉和鬚海雀之類的海鳥，頭頂上有冠或很細長的羽毛。這種比較有可能是特化的廓羽，而不是纖羽，但跟嘴鬚和纖羽一樣，或許也有感覺功能。最近的研究結果指出臉上有這類特化羽毛的鳥類比較有可能住在錯綜複雜的棲息地，例如茂密的林地或地道中，而不是開闊的地方，證實了這一點，表示羽毛的功能很像貓鬚或鼠鬚，幫牠們避開障礙[22]。

十九世紀，古戎發現鸚鵡的喙尖神經區時曾說，他在田鷸及濱鷸之類的涉禽嘴上也看到了類似的結構，涉禽會在沙或泥中覓食。小時候我酷愛蒐集鳥的頭骨，我最珍愛的就是山鷸的頭骨，也是一種會探沙泥的鳥，眼眶很大，有凹痕的嘴尖也很獨特。等到蓋住鳥嘴的嘴鞘（皮質覆蓋物）掉了，才能看到這些凹痕。

濱鷸、山鷸和田鷸等會在沙泥中覓食的鳥用敏銳的嘴尖能探測到蠕蟲或軟體動物，可能是直接碰到，也可能是偵測到牠們的振動，或者最引人注目的方法則是探知泥沙中的壓力改變[23]。

荷蘭鳥類學家皮爾斯瑪跟同仁在一九九〇年代設計了別出心裁的實驗，證實紅腹濱鷸能辨別出動也不動藏在沙裡的小雙殼貝（例如淡菜跟蛤）。鳥兒把嘴伸入溼沙裡的時候，會產生非常微小的壓力波，推動沙粒間的水。雙殼貝等固態物體會讓壓力波中斷，阻擋水流，進而產生鳥兒能探測到的「壓力擾動」。這些涉禽習慣反覆快速探索，應該是為了打造出複合的立體影像，了解沙裡藏了什麼食物[24]。

皮爾斯瑪發現紅腹濱鷸的這種特質和兩位紐西蘭研究人員的發現起了共鳴，康妮翰和她的博士論文指導教授卡斯楚，她們納悶鷸鴕的喙是否也有類似的情況，畢竟鷸鴕專門探地覓食。跟濱鷸一樣，鷸鴕的喙尖有蜂巢般的凹陷，上下都有，嘴巴裡面跟外面也有。而歐文雖然在一八三〇年代細心解剖了鷸鴕，卻沒看到這些凹洞，因為他提也沒提，他在論文中精細畫出的鷸鴕骨架上也看不到凹洞，很有趣。紐西蘭但尼丁大學的生物學教授帕克於一八九一年第一個記述了鷸鴕喙尖上那一叢奇特的凹洞，描述為「從眶鼻神經的背側枝大量分支出來」。也就是說，這些凹洞都連到大量的神經[25]。在《紐西蘭的鳥類》（一八七三年出版），布勒對鷸鴕覓食的描述非常出色：「在尋找食物的時候，這種鳥的鼻孔不斷發出嗅聞的聲音，而鼻孔則位於上喙的末端。我不敢明確地說牠用觸覺還是嗅覺來引導自己；但看起來兩種感覺會同時派上用場……若說觸覺已經很發達，似乎毫無疑問，因為鳥兒雖然不一定會發出嗅聞的聲音，但總會先用嘴尖來碰觸東西……關在籠子裡的時候……整晚都能聽到輕敲籠壁的聲音。[26]」

鷸鴕喙尖上的感覺凹洞方向也提供了線索，讓我們知道牠們探測獵物的方法。紅腹濱鷸嘴尖上的感覺凹洞朝著前方，裡面整齊排滿了赫伯斯特氏小體，要偵測到壓力擾動的型態，似乎一定得這麼排列。然而，其他用振動來偵測獵物的濱鷸[27]凹洞則朝外。鷸鴕的凹洞有朝前，也有朝外跟朝後，表示牠們可能**同時**用壓力和振動線索來偵測獵物。雖然嘴的結構很像，鷸鴕和涉禽卻不是近親，但構成趨同演化很好的例子，類似的適應演化是因為回應類似的選擇壓力，也就是回應需求，要尋找藏在表面下的食物。

還有另一種「探覓食」生活方式的鳥兒觸覺（和味覺）可能很發達：各種啄木鳥長長舌頭的舌尖。

達文西首度對啄木鳥異常的舌頭提出意見[28]，但早期的繪圖中最棒的則來自荷蘭博物學家寇伊特（一五三四至一五七六），他也發現地啄木有類似的瘦長舌頭[29]。十七世紀中期布朗爵士在著作中提到啄木鳥「通往舌頭的大神經」[30]，而他的鳥類學家同事威勞比和雷細看過歐洲綠啄木後，說：「伸出來的舌頭非常長，頂端則是鋒利骨頭般的物質……跟飛鏢一樣，能打中昆蟲。」他們做了一次顯然非常精細的解剖後寫道：

> 這鳥兒可以射出去的舌頭……大約三四英寸長，然後藉著兩小塊圓形軟骨收回，圓形軟骨固定在前面說到的骨狀尖端上，大約跟舌頭一樣長。軟骨始自舌根，在耳朵前繞一圈，向後反射到頭頂，構成一個大彎。在韌帶下方沿著矢狀縫往下……正好通過右眼眶上方，再沿著鳥嘴右側進入埋在裡面的小洞，也就是開始的地方。

他們接著敘述舌頭伸出拉回的樣子，最後說：「但這些細節就留待其他更有好奇心的人去檢驗。[31]」過了一百多年，布豐伯爵寫道，歐洲綠啄木的骨狀舌尖「蓋了一層鱗片狀的角質，鑲滿了小小的倒鉤，因此能抓住和刺穿獵物，天生就有從兩條輸出導管排出的黏液加以潤溼……[32]」從此大家都認為啄木鳥會刺穿舌頭上的獵物，一九五〇年代，開創野生動物影片風氣的製作人西爾曼加強了這個想法的說服力，他在文章裡提到大斑啄木「魚叉般的舌頭特別適合……刺穿幼蟲和蟲蛹。」然而，重新分析西爾曼的連續鏡頭後，結果發現幼蟲並未遭到刺穿，只是貼在舌尖黏黏的唾液上。小安地列斯群島的瓜德路普啄木被圈養兩星期後，也在研究中出現了一模一樣的行為。把長長的舌頭伸入洞穴，鳥兒可以立即用觸覺或味覺來判斷是否碰到了獵物，而詳盡的解剖研究證實啄木鳥的舌尖布滿了觸覺感測器（不知道有沒有味蕾，但我很篤定應該有）。因此，幼蟲應該也能感覺到啄木鳥的舌頭，不是往後退就是用腳抓住洞緣，啄木鳥便很難把蟲抓出來。結合了黏黏的唾液和有刺的表面，加上非常適合抓握而非刺穿的舌尖，瓜德路普啄木便能把心不甘情不願的獵物拉出來[33]。

我在佛羅里達北邊，查克托哈奇河一處很少人知道的沼澤地裡。這裡是南方佬的地盤，看起來就像一九七〇年代的電影《激流四勇士》中的背景。我安靜地坐在獨木舟裡，目不轉睛地看著四隻北美黑啄木在林間吵吵鬧鬧地彼此追逐。板狀根的落羽杉有著橄欖綠的葉子，葉片間透出的陽光宜人，鳥兒似乎玩得很開心。牠們頻繁地在樹間移動著，敲擊樹木並發出叫聲，但鮮少展現牠們漂亮的紅黑白羽毛，匆匆一瞥更撩人好奇。我第一次如此近距離接觸這種鳥，但我志不在此。其實我身邊還有一小群鳥類學家，希望能看到北美黑啄木的巨型親戚：象牙嘴啄木。

原本以為象牙嘴啄木在二十世紀下半已經滅絕，但有人宣稱於一九九九年在路易斯安那州南邊的珍珠河看見。雖然頗引爭議，卻暗示起碼有一隻象牙嘴啄木存活下來。後續則有數次在偏僻沼澤地看到象牙嘴啄木的報告，其中有一次就在查克托哈奇河，不過至少到目前為止都沒有拍到任何能證實象牙嘴啄木存在的影像證據[34]。

象牙嘴啄木，別名天神鳥，有巨大的鑿子型鳥嘴。牠會在樹上尋找獵物，因為肥大的甲蟲幼蟲就藏在樹皮下。啄木鳥一找到幼蟲（幾乎靠著幼蟲下顎咀嚼樹木的聲音）便劈開表層，撬起手掌大的樹皮，露出幼蟲的藏身處。想想你若有槌子和鑿子，要花多少力氣，就能料想到這種鳥多麼力大無窮。幼蟲蠕動著想要逃跑時，象牙嘴啄木無與倫比的長舌一閃，抓到了。這熟練的動作就是感覺的對比：如鋼鐵般感覺遲鈍的嘴喙，比人的指尖觸覺更加靈敏的舌頭。

象牙嘴啄木的力量已經是傳奇了。一七九四年，移民到美國的蘇格蘭織布工威爾森（後來也為美國鳥類學奠定基礎）在北卡羅萊納州射到了一隻象牙嘴啄木。鳥兒只受了輕傷，威爾森決定帶回去養。騎著馬把啄木鳥帶回鎮上時，牠叫了起來，聲音很像嬰兒的哭聲，讓「聽見的人（都大吃一驚），尤其是女性，她們匆忙跑到門口或窗口，臉上的表情又急又焦慮」。住進威爾明頓飯店後，威爾森把鳥留在房間裡，去照顧他的馬。不到一小時後回到房間，他發現床鋪「蓋滿了大片的灰泥，條板起碼露出了十五平方英寸，護牆板上有一個大到拳頭能穿過去的洞；再不到一個小時，牠一定能成功逃出去」。威爾森抓住了鳥，「在腿上綁了一條繩子，固定在桌上，然後又出門，這次去找鳥可能會吃的東西。回來的時候走上樓梯，我聽到牠又在努力不懈，進了門之後大驚失色，發現牠幾乎把綁上繩子的桃花心木桌全毀了，牠的復仇之氣全發在桌子上」。鳥兒什麼也不肯吃，三天後就死了，威爾森非常懊悔[35]。

象牙嘴啄木把窩做在一．二到一．五公尺深的洞穴裡，在最堅硬的落羽杉組織上鑿出鳥巢。牠的喙曾被尊為印第安人的護身符，非常有力，裝在嚴密加固的頭骨上。奧杜邦解剖過象牙嘴啄木的頭顱，並詳細敘述牠十八公分長的舌頭，牠的舌頭跟其他啄木鳥一樣，配備了特別敏銳的舌尖[36]。

奧杜邦也率先描述象牙嘴啄木的覓食技能：

> 然後，在樹皮裂縫裡發現昆蟲或幼蟲，便突然伸出蓋了厚厚黏液的舌頭，牠的舌頭有很強壯很修長的尖端，裝了小小的倒刺，能抓住蟲子放進嘴裡。這些倒刺有特殊用途，能把通常有兩三英寸的肥大幼蟲從樹木裡的藏身處拉出來；但看似粗硬的地方並不會用來刺穿物體，否則該怎麼把物體鬆開而不撕裂倒刺呢？這些刺非常細緻，無法隨意朝著其他方向彎曲[37]。

鳥類跟哺乳類的皮膚都對觸碰和溫度非常敏銳。當鳥類在孵蛋或孵育幼雛時，這種敏銳度尤其重要，除了確保蛋和幼雛都保持在適當的溫度，也能避免踩上去或弄碎了。發熱的地方叫孵卵斑，這塊區域的羽毛在開始孵蛋前的幾天或幾周會從皮膚掉落，血液供應也會增加。

有些鳥的孵卵斑很重要，能決定雌鳥可以下幾個蛋。一六七〇年代，博物學家李斯特用在他家附近築巢的家燕做了一個很簡單的實驗，結果卻出乎意料之外。家燕每下一個蛋就被他取走，結果發現母燕不像平常一窩下五個蛋，而是繼續生下去，最後至少有十九個蛋。顯然牠們可以下更多蛋，卻限制只能五個，其中的謎團後來才得到解答。後續用其他鳥做的測驗也有類似的結果，有隻家麻雀下了五十個蛋（平常才四五個），北撲翅鴷平常一窩會下五到八個蛋，卻在七十三天內下了七十一個蛋！然而，小辮鴴之類的鳥在蛋被取走後，最後下的蛋跟原來差不多。因此，鳥類學家把鳥兒根據下蛋分為定量（例如小辮鴴）跟不定量，不過他們不知道為什麼會有這種差別。然而，重點在於下蛋不定量的鳥，例如家燕、家麻雀和北撲翅鴷，會透過孵卵斑來調節產卵。如果生的蛋被拿走了，孵卵斑得不到觸覺刺激，也不會傳送限制生蛋的訊息到腦部。如果蛋**未被**移走，孵卵斑上的觸覺感測器偵測到巢裡的蛋，然後透過複雜的荷爾蒙處理，只讓卵巢中發育出「正確的」卵子數目[38]。

生完了一窩蛋以後，一定要讓蛋維持在適當的溫度，蛋內的胚胎才能正常發育。孵卵成功並不需要穩定的溫度，只要溫度不降得太低或升得太高就可以了。孵卵的鳥兒常離巢覓食，這時蛋的溫度會冷卻，但胚胎可以忍耐短時間內變冷，對過熱的耐受度反而比較低。大多數鳥蛋孵化的溫度為攝氏三十到三十八度，孵卵的鳥兒多半透過行為來調整溫度。在實驗中，用人工方式冷卻或加溫的卵告訴我們鳥類如何調整孵卵的姿勢，來調節卵的溫度（尤其是孵卵斑和卵之間的接觸）。無論卵的溫度下降（成鳥會傳輸更多熱能到卵上）或升高（父母會更貼近好吸掉多餘的熱氣）都靠姿勢調節。

乍看之下，孵卵斑也就是一塊略粗的肌膚，顏色非常粉紅，但孵卵斑極度敏感精細。鳥兒會增加或減少到孵卵斑的血流量來調整卵的溫度。此外，卵和孵卵斑的接觸會引發腦下垂體分泌泌乳素這種荷爾蒙，讓鳥兒繼續孵卵。如果孵到一半，整窩蛋都不見了，泌乳素的分泌會直線下降——觸覺刺激對這個過程來說非常重要，曾有人做過很聰明的實驗，為正在孵卵的綠頭鴨麻醉孵卵斑，便證實了上述說法。即使鴨子繼續孵卵，可是感覺不到卵的存在，泌乳素就會減少，正跟把卵移走的結果一樣[39]。

不用體溫來孵蛋的鳥只有塚雉這一類（英文統稱為 megapodes，字面的意思是巨足，因為牠們用來掘地的腳非常大）。牠們反而會把蛋埋在一堆發酵的植物或溫暖的火山土中（依種類而異），溫度維持在攝氏三十三度。會堆土的包括叢塚雉，由雄鳥負責看顧土堆，通常要連續數月，打開土堆讓多餘的熱氣散發，如果太冷就堆更多材料上去。研究塚雉多年的瓊斯告訴我：「我們還不完全明白牠們怎麼監控土堆的溫度。很有可能雄鳥跟雌鳥在上顎或舌頭都有偵測溫度的裝置，因為我們看過這些鳥在堆塚時都會習慣性地銜滿一嘴的基質。[40]」

如果鳥兒自行孵蛋，（有好幾隻的話）幼雛必須能靈敏認出手足和父母。美洲鰭趾鷉，又稱日鷉（我去厄瓜多找過，無功而返）就是很好的例子，親鳥和幼雛能透過觸覺認出彼此。這種鳥鮮為人知，行蹤神祕，在濃密的林木中把巢築在水流很慢的河邊，一窩有兩三個蛋，孵化期只需要十天。剛孵出來的幼雛看不見，全身無毛，非常無助，比較像雀形目鳥類，不太像非雀形目的鳥兒。注意了，日鷉會把兩隻幼雛裝在兩邊翅膀下特殊的皮膚囊袋裡，甚至可以帶著幼雛飛起來。發現的人是墨西哥鳥類學家戴托羅，他曾監視過日鷉的巢，河水漲高時，他說他看見雄鳥飛出來，「翅膀下的羽毛中有兩顆小頭探出來」。令人驚訝的是，雌鳥沒有囊袋，另外兩種關係很近的鰭趾鷉也沒有，不過後者的幼雛在孵化時發育得比較成熟。雄日鷉的囊袋可說是最獨特的適應變化，讓人不禁要問剛孵出來的幼雛要用什麼觸覺感受器來確定牠們沒走錯地方，還有雄日鷉要用什麼觸覺感受器在飛行前確定幼雛絕對安全[41]。

對一些巢寄生的鳥類來說，幼雛剛孵出來後的觸覺敏銳度則有更陰險的一面。熱帶的黑喉響蜜鴷就是其中一種，剛孵出的雛鳥會用特別可怕的方法解決巢裡的其他小鳥。孵化後的黑喉響蜜鴷眼睛還沒睜開，但往下指的鳥嘴已經配備了像針一樣的結構。牠用這個武器殺死宿主的幼雛，好讓自己能吃到養父母帶回巢裡的所有食物。第一次看到這種邪惡的配備時，我假設黑喉響蜜鴷幼雛只會刺穿宿主幼雛的頭顱或身體，事實並非如此。史波提絲伍德在宿主小蜂虎的巢裡裝了紅外線攝影機，看到黑喉響蜜鴷幼雛用尖銳的喙抓住小蜂虎雛鳥，然後像比特犬一樣把牠甩死。

如果宿主的幼雛夠強壯，可以承受好幾次搖晃，黑喉響蜜鴷幼雛會休息一下喘口氣，然後再度攻擊。因為眼睛還沒睜開，小蜂虎的巢內也很暗，黑喉響蜜鴷幼雛應該會用動作（觸覺）和溫度來探測要不要繼續摔。等宿主幼雛死了，黑喉響蜜鴷就會停止回應，不幸的雙親會把死鳥移到巢外[42]。

大家都知道，大杜鵑（布穀鳥）幼雛會把宿主的蛋或幼雛直接推到巢外，消除競爭。跟黑喉響蜜鴷幼雛一樣，孵化時眼睛還沒睜開，只能靠敏銳的觸覺來探測和逐出宿主的卵或幼雛。一七八八年，金納親眼觀察到剛孵出的大杜鵑把蛋推出來，而在那之前，很多人以為宿主的卵或幼雛消失是成年大杜鵑的責任。此外，許多人無法相信剛孵出來的大杜鵑幼雛能夠／會做出如此邪惡的行為。然而，聽過金納的報告後不久，心存懷疑的人也自己見證了。「打擊母愛的惡行，駭人聽聞，」懷特在《塞耳彭自然史》如此描述。孵出來幾小時後，大杜鵑幼雛就開始行動，把宿主的卵或幼雛一次一個或一隻卡到背中央的凹陷處，就在肩部中間。用雙腿撐住巢壁，大杜鵑幼雛把受害者舉高，從巢旁邊丟出去。雖然尚無人調查，大杜鵑幼雛背上的凹處一定布滿了觸覺感受器，每次有卵或幼雛大小的東西碰到自己，就會觸發排斥的反應。幾天後，大杜鵑幼雛的排斥反應衰退了，這時宿主的卵或幼雛通常也移光了，有時候連其他大杜鵑的蛋或幼雛也會遭到排斥[43]。

我自己研究的重點在於鳥類的亂交：鳥類不貞的行為、解剖學和演化含義。由於有些鳥交尾的時間很長，或一天交尾很多次，常常有人問我：鳥類享受性行為嗎？

有些鳥交配的速度很快，比方說用高速攝影計時，林岩鷚只要十分之一秒，很難想像會有什麼快感。另一方面，鳥類生活的速度都加快了，所以林岩鷚的十分之一秒可能等於人類的好幾分鐘。事實上，大多數小型鳥兒交配只要一兩秒，被委婉稱為「泄殖腔之吻」的過程並未展現出肉體上的愉悅[44]。

有些鳥的交配過程比較久，也沒有愉悅的跡象，更別說欲仙欲死了。比方說，馬達加斯加的馬島鸚鵡交配時間居鳥類之冠，長達一個半小時，更複雜的是牠們也會交配栓結，跟狗一模一樣。第一次看到狗交配時栓結在一起，主人通常不明白發生了什麼事，主要是因為兩隻動物面對相反的方向——因為公狗轉過去了。而馬島鸚鵡的交配栓結比較含蓄，兩隻鳥仍並肩蹲著，雄鳥輕咬伴侶頭上的羽毛（看起來像在對她說些無意義的甜言蜜語），同時生殖器仍交合著。嚴格來說，雄馬島鸚鵡（跟狗不一樣）沒有陰莖，卻有很大的球狀泄殖腔突出，一旦放入雌鳥體內便會充血（跟狗的陰莖一樣），讓雄鳥的器官牢牢固定在雌鳥的泄殖腔內。兩隻鳥坐在一起，幾乎動也不動，更看不出愉悅的跡象。這種稀有行為以及伴隨的非凡結構，正如我的博士班學生艾克斯特隆姆所證實，功能在於精子競爭：馬島鸚鵡是最愛亂交的鳥[45]。

我同事威爾金森曾在切斯特動物園負責管理鳥類，那時他寄給我一些馬島鸚鵡在冗長而奇特的交配過程前中後的照片，引起了我的興趣。不久之後，另一名曾到馬達加斯加觀鳥的同事科克本看到了野生馬島鸚鵡交尾的樣子，他並不知道威爾金森寄照片的事，傳了訊息給我：「知道你對鳥類交配很有興趣，」一開頭這麼寫，接下來的描述則跟威爾金森動物園裡的鸚鵡行為如出一轍。我覺得這個研究計畫很有趣，適合一個大膽又有進取心的學生。艾克斯特隆姆就是最佳人選，這個計畫也確實不簡單。除了要應付高溫高溼，還要爬上樹冠層，然後穿過中空的樹幹，到達高大熱帶猴麵包樹的根部，鸚鵡做巢的地方，他也擔任業餘醫生，醫治極度營養不良的當地民眾。

儘管如此，他仍得到了一些亮眼的結果。簡單來說，馬島鸚鵡的繁殖系統跟其他鳥兒不一樣。雌鳥唱歌吸引雄鳥；雄鳥從森林裡出來跟雌鳥交配，而且幾天之內有好幾隻雄鳥。雌鳥獨自孵蛋，但當小鳥孵出來後牠又開始唱歌，雄鳥再度出現，這次會給雌鳥反芻過的水果拿回去餵小鳥。DNA指紋分析的結果透露，幾乎一窩鳥中的每隻小鳥都有不同的父親。值得注意的是，同一窩小鳥的父親也在馬達加斯加森林裡其他地方留下了後代，顯示並沒有排他的親密關係。跟威勞比和雷一樣，我很樂意把機會留給其他人，去找出這種少見的系統為什麼會演化出來。而我們很有理由相信，這種鸚鵡的冗長交配過程會演化出來，幾乎可以肯定是為了回應雌鳥亂交而帶來的激烈精子競爭。透過獨特的交配栓結，延長交配的時間，雄鳥才能增加讓雌鳥卵子受精的機會。雌鳥和眾多伴侶在交配中是否感到愉悅，我們無從得知，但能表現出那樣的行為就一定要有最基本的觸覺敏銳度[46]。

然而，有一種鳥的性快感卻明顯到令人稱奇：紅嘴牛文鳥，產於非洲，跟歐洲椋鳥差不多大。一八六八年二月，達爾文正在撰寫主題為性擇的書時，寫信給他最喜歡的籠鳥資訊提供人威爾，問他可否「想到相關的事實……雌鳥選擇特定的雄鳥，或相反地，雄鳥選擇某一隻雌鳥，或雄鳥誘惑雌鳥的方法……諸如此類的東西」。威爾立刻回信，描述他養的幾種鳥有哪些求愛和交配的行為，包括紅嘴牛文鳥，說這種鳥「沒什麼特別突出的地方」[47]。

他大錯特錯了。雄牛文鳥泄殖腔前面就有假陰莖：兩公分長，像手指一樣的肉肢。每天看到這隻鳥，你不覺得牠有什麼特別，因為假陰莖被身上黑色的羽毛蓋住了。把牠拿在手裡倒過來，輕輕吹牠的腹面，就能讓這古怪的器官驕傲地展現出來。一八三〇年代，著作繁多的法國海軍藥劑師和博物學家勒松（一七九四至一八四九）第一個描述出牛文鳥的獨特之處。

勒松和一九二〇年代俄國鳥類學家蘇緒金的說法都令我著迷，決定要深入研究，我相信這種奇特的結構會演化出來，一定和精子競爭有關。第一步就是要親眼看看，很幸運地，聽說納米比亞溫德和克的博物館有個標本可以借我。泡在藥水裡的標本按時寄達，太完美了：一隻具備生殖能力的雄鳥。附上的字條說，牠們是納米比亞的「垃圾」鳥，很受農夫討厭，因為牠們在風車上建造巨大的樹枝鳥巢，妨礙他們的重要工作，也就是把水從地下抽出來澆灌乾燥的沙漠土壤。解剖後我證實了蘇緒金的說法：假陰莖是一條僵硬的結締組織，沒有導管，沒有明顯的血液供應，根據之前的說法，也沒有神經組織。很奇怪，因為這陰莖模樣的器官外表看起來似乎有很高的觸覺敏銳度。在我研究鳥類繁殖生物學的過程中，再沒有比這更具雄風的明顯象徵[48]。

很明顯地，我的解剖顯示鳥兒的睪丸相對而言很大，代表一定會跟很多雌鳥亂交，精子競爭也很猛烈。連鎖反應出現，還沒察覺到發生了什麼事，我就要去納米比亞研究牛文鳥了，同行的年輕研究生溫特伯頓充滿熱情，負責野外調查。乍看之下，研究牛文鳥應該沒什麼難的。這種鳥很常見，在某些區域，幾乎每一座風車上都有牠們顯眼的多刺鳥巢，要接近並不難。如果把巢築在金合歡上就比較不方便了，我們在私人野生動物保護區租了房子，門口就有金合歡。每天早上天一亮就起床，聽到雄牛文鳥的叫聲，實在太棒了，簡直跟在做夢一樣。

真的像做夢。鳥巢有時候直徑達一公尺，分成好多間，通常由兩隻雄鳥一同管理。這種做法在鳥類中不太尋常，似乎為牠們預先準備好面對精子競爭。住所上方的幾個鳥巢住了好幾組雄鳥，我們也稱之為聯盟，先把雄鳥抓來上色環以便識別。但巢裡沒有雌鳥。雄鳥清晨會待在巢裡，加幾根樹枝，偶爾展示一下羽毛，或跟別的鳥鬥嘴。有天早上，雄鳥們毫無預警地開始瘋狂炫耀羽毛，拍動翅膀，欠身亂叫，這時則有一小群雌鳥從頭上飛過。牠們沒停下來，一消失後，我們這些雄鳥的熱情就火速消散。最後我跟溫特伯頓領悟了，牛文鳥的繁殖系統要靠機會，只有當雌鳥愛上一群雄鳥（或牠們的巢），決定留下來繁殖，才能成功。我們頭上這群鳥顯然沒有吸引力到無可救藥了，因為在第一段長達四個月的野外調查中，並沒有雌鳥留下來繁殖。

農場上其他地方的情況就比較好，在另一個繁殖聚落，我們馬上就看到一群雌鳥來到，繁殖火速開始。但我們只對交配有興趣：雄鳥如何利用牠的假陰莖？

當地的黑人農場雇工告訴我們，我們在浪費時間，因為他們知道雄鳥為什麼有這個結構：他們說，雄鳥用這個裝置在築巢時攜帶金合歡有刺的樹枝。然而，我們到處觀察，並沒有找到這個說法的證據。當地人一定也知道，所以這個鳥類傳說能存留下來也很奇怪。

要親眼目睹交配也不容易。一天早上，我看到雌鳥離開巢室，發覺牠的姿態頗有深意。快速飛離了聚落，但飛得離地面很近，不尋常的飛法除了立刻提高我的警覺性，也吸引了其中一隻身為巢主的雄鳥，雄鳥馬上跟上去。兩隻鳥飛了大約兩百公尺，並肩停在金合歡離地不遠的枝椏上。我也跟過去了，但在攝氏四十度的氣溫中跑步實在很辛苦。我滿身大汗，連望遠鏡也拿不太穩，看到兩隻鳥依偎著上下擺動，彷彿在彼此展示。一開始的跳躍不太和諧，但不久之後，牠們的躍起變得一致，愈來愈快，逐漸衝到了高潮。那時我以為雄鳥會騎到雌鳥身上，就能看見假陰莖怎麼用了，結果雌鳥又飛起來。雄鳥跟上去；我也趕快追，同樣的表演又重複了一次，但就是看不到我想要的。牠們再度飛起，又飛了第四次，我最後跟丟了。他們似乎不在意我在旁邊，所以不是被我嚇走了：這只是雌鳥故意測試雄鳥的方法。

研究了三年，溫特伯頓跟我只看到過幾次交配。開始之前多半會同步跳躍展示羽毛，每次交尾的時間都特別長。雄鳥抓住雌鳥的背部，用非常奇怪的姿勢往後靠，拍打翅膀保持平衡，同時泄殖腔不斷積極接觸。另一方面，雌鳥幾乎出了神，堅忍承擔雄鳥無盡的碰撞和擠壓。但最令人洩氣的是我們根本看不到假陰莖有什麼用，因為我們離太遠了，視線也被羽毛擋住。如果要解開謎團，觀察野生牛文鳥不可行，一定得觀察人工圈養的。

小時候我很愛養鳥，記得曾在英國養鳥人報紙《籠舍鳥類》上的廣告看到有牛文鳥出售。而物換星移，三十年後再看廣告，已經沒有人要賣牛文鳥了。我們不死心，決定在納米比亞捉幾隻帶回英國。現在，真不敢相信我們做到了：申請許可，安排空運，取得獸醫的健康證明等等，我猜，只是因為當地人認為這種鳥有害，我們才能把牠們帶回家。事實上，我們把鳥兒送到德國南部的馬克斯普朗克鳥類學研究所，我有幾位同事在那裡工作，而技師席奔羅克很愛養鳥，也很會養鳥。

十二隻雄鳥和八隻雌鳥很快就開始用席奔羅克提供的山楂樹枝來築巢（取代牠們平常用的多刺金合歡）。我很樂觀，鳥兒一定會交配。在開始研究前，我去拜訪了切斯特動物園，威爾金森（給我馬島鸚鵡照片的人）是那裡的鳥類負責人，他們在巨大的鳥舍裡養了三隻雄牛文鳥。我們去看這些鳥，威爾金森甚至邀我們把抓來的鳥兒帶去（我婉拒了，因為我覺得德國南部夏天溫度比較高，或許更有助於繁殖）。走進動物園巨大的鳥舍，在（很不合宜地）蒼翠繁茂的熱帶植物間尋找牛文鳥，一個不尋常的動作抓住了我的視線，舉起望遠鏡，眼前看到非常特別的景象。有隻牛文鳥正精力充沛地和一隻小型、看起來有點木然的鳩交配個不停。牛文鳥的動作一直持續，那隻鳩蹲得低低的，抓住樹枝深怕自己掉下去。看來少了雌牛文鳥，確實讓眾鳥感到挫折，但隨意一看就看到這種景象，表示雄鳥的交配意願很高，而且交配的時間也很長。

我們養的雄鳥也一樣充滿熱情，但有真正的雌牛文鳥給牠們額外的刺激。溫特伯頓留在德國觀察，定期向我報告他跟鳥的進度。事實上，等雄鳥發情想要繁殖，牠們的性欲便一發不可收拾。我們想要精子的樣本，之前用個性比較節制的斑胸草雀當作研究樣本，已經發展出全新的採精技巧。在雄斑胸草雀面前放一隻冷凍乾燥的雌鳥，擺出誘惑的姿態，通常就足以讓牠發情交配，讓我們可以從裝在雌鳥身上的假泄殖腔取得精子。我們找到一隻死掉的雌牛文鳥，我建議溫特伯頓用類似的方法採精。溫特伯頓告訴我，結果非常驚人。雄鳥立刻騎上假的雌鳥，開始一整套冗長的交配表演，讓我們拿到迫切需要的精子樣本。後來，溫特伯頓給我看照片，裡面是他擺出來的雌鳥，我嚇到了：只是一隻不像鳥的鳥，鐵絲做出身體骨架，加上頭部和翅膀。不過行得通，雄鳥完全無法抗拒。

雄牛文鳥放縱的情欲可說是天上掉下來的禮物，這表示我們要了解牠們的陰莖狀器官有何功能時，不會嚴重干擾牠們的活動。所有其他物種都有可能放棄繁殖，但牛文鳥絕對不會。牠們跟真的雌鳥也不斷交配，溫特伯頓利用各種技術證實，在交配時，陰莖般的器官不會插入雌鳥的泄殖腔，跟我預期的不一樣。第一，近距離的影像未提供插入雌鳥的證據；第二，假雌鳥的人工泄殖腔內裝了一小塊海綿，在交配時海綿一直在原來的位置；第三，雄鳥的陰莖狀器官在交配後通常仍是乾的，小心插入雌鳥的模型陰莖卻會溼掉。

最令人吃驚的結果則是，任情交配三十分鐘後，雄牛文鳥似乎體驗到高潮。這還是前所未聞：世界上其他已知的鳥類都不會高潮。溫特伯頓興奮得不得了，從德國打電話來告訴我。一開始我心存懷疑：「你怎麼知道雄鳥高潮了？」的確，你怎麼知道其他物種的雄性體驗到高潮的方法會跟我們差不多？溫特伯頓找到答案的方法或許聽起來很怪，甚至有點變態，不過生物學家有時候為了找到真相，必須做點傻事。

溫特伯頓推論，騎在雌鳥背上不下來的時候，雄鳥會在雌鳥的泄殖腔周圍摩擦陰莖狀器官，同時刺激自己跟雌鳥，所以他決定把雄鳥握在手裡按摩同樣的時間，看看會發生什麼事。按了二十五分鐘後，溫特伯頓輕輕擠壓陰莖狀器官。結果太驚人了：翅膀的拍打速度變慢了，變成顫抖，全身震顫，腳爪緊抓住溫特伯頓的手，然後射精了[49]。

再沒有比這更有說服力的證據了，鳥類的生殖器區域具備了發達的觸覺——起碼牛文鳥是這樣。早期的研究人員在陰莖狀器官裡找不到神經組織，這結果無疑給了他們當頭棒喝。怎麼可能沒有呢？要引起如此劇烈的反應，陰莖狀器官裡一定有感覺機制。因此我決定繼續深入研究。

用農夫射到的兩隻雄鳥和兩隻雌鳥，我把牠們的陰莖狀器官寄給德國的神經生物學家哈拉達。他先製作薄切片在光學顯微鏡下觀察，之後是超薄切片在電子顯微鏡下觀看，尋找神經組織。他找到了：雄鳥的很明顯，但雌鳥的比較不明顯，包含游離神經末梢跟對觸覺敏感的赫伯斯特氏小體（不過比其他物種體內的都小）。還有什麼也很難說，不過這就夠了。

就男人來說，高潮會涉及游離神經末梢和其他觸覺感測器，還有很多其他的東西。的確，高潮被定義為「結合了認知、情緒、軀體、內臟和神經的過程」，更詩意的說法則是「滿天星斗」[50]。耐人尋味的是，男人陰莖中的感覺接受器並非不可或缺，因為在戰爭或意外中失去生殖器的人有時候仍能體驗高潮。

主要的問題在於，為什麼雄牛文鳥一定要體驗到高潮？而且，經過那樣的刺激後，雌鳥不也應該體驗到高潮嗎？或許吧，但從雌鳥的外觀無法得到結論。

或許我們該問，這麼冗長的交配過程給了雄鳥什麼樣的優勢。陰莖狀器官的演化，顯然是為了回應雌鳥的亂交。我們的分生研究結果顯示，結成聯盟的兩隻雄鳥共同擔任父親，雌鳥也跟窩外的雄鳥交配，因此精子競爭非常激烈。很有可能雄鳥用陰莖狀器官來說服雌鳥保留牠們的精子，雌鳥得到的生理刺激愈強，愈有可能留下雄鳥的精子。也就是說，雄鳥無法脫離這種軍備競賽，要看誰能結合冗長的求偶、特殊的器官和長期騎乘給雌鳥最強烈的刺激。我們沒辦法拿牛文鳥來實驗，但對有亂交行為的甲蟲研究結果顯示，這種現象非常有可能出現。對雌甲蟲授精後，雄甲蟲在下來前會用腿愛撫雌甲蟲，很像交配前的求偶行為。研究人員妨礙雄甲蟲表演這種求偶行為後，雌甲蟲留下的精子明顯變少了[51]。

來做個結論吧，鳥類的觸覺顯然比我們想像的更發達，但我仍覺得研究人員似乎還在隔靴搔癢。有好多好多東西待我們去發現。可惜的是，比利早已不在人世，但如果有機會再養一隻馴服的斑胸草雀或其他鳥，我一定會好好把握機會，如此一來，才更容易設計出非侵入性的簡單測驗來進一步探索鳥類的觸覺。

第四章　味覺

這些事和很多事都屬於同一類……讓我們完全有權利去思索至少有些鳥具備了味覺，並得出結論；不過某些以觀察正確度著名的作者卻明確否認，或不肯完全認同。

——瑞尼，一八三五，《鳥類的能力》，奈特出版社

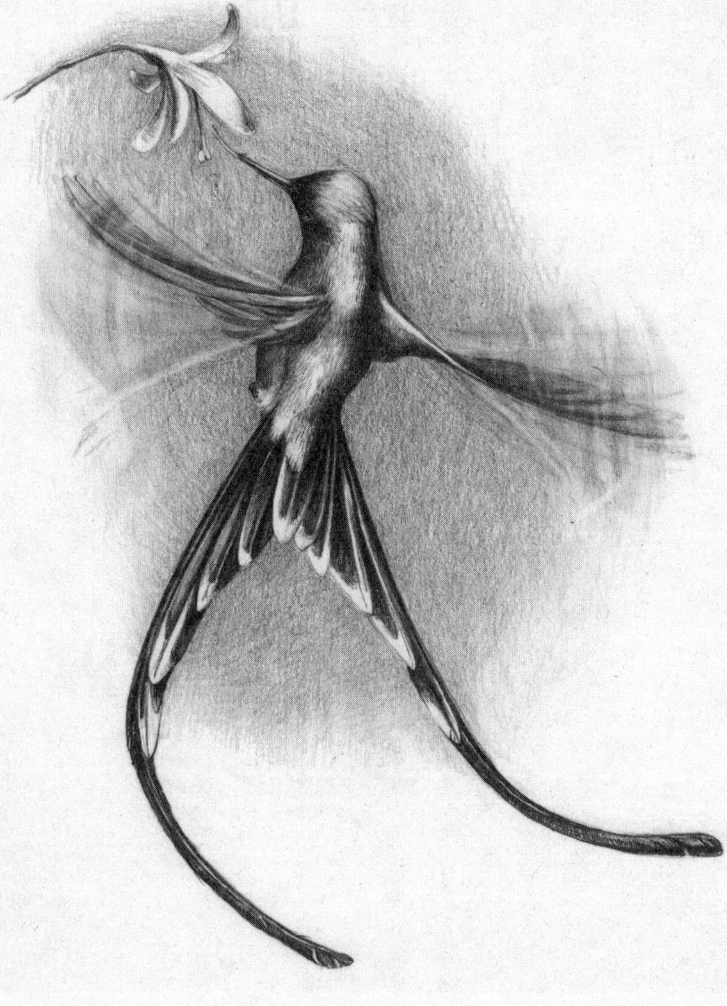

蜂鳥可以嘗到花蜜裡的糖分濃度。圖為長尾蜂鳥舔取花裡的花蜜；注意從嘴尖伸出的舌頭：味蕾在嘴內，而不是在舌頭上。

一八六八年某天早上，熱愛養鳥的業餘人士威爾走進鳥舍，準備拿毛蟲給鳥吃。牠們很愛這一類的天然食物，遠超過平日的人工食品，但這次威爾注意到，鳥兒迅速吃光了幾隻毛蟲，其他的卻碰也不碰。更仔細看看，他發覺鳥兒吃的毛蟲全都顏色含糊，避開不吃的卻色彩鮮豔。威爾不知道這跟味覺有沒有關係，他知道巢蛾的幼蟲味道很可怕，便拿了一些放在鳥兒跟前。大多數的鳥連試一下味道都不肯，嘗了味道的一兩隻鳥兒也立刻吐出來，搖頭擦嘴，一看就是很激動的模樣。威爾率先見證到鳥類也有味覺。

和達爾文一起發現自然選擇的華萊士要求威爾進行實驗。動物的顏色（尤其是鳥類）以及雄性的色彩通常比雌性更鮮亮這件事，都是達爾文和華萊士極為著迷的題目。達爾文解釋性別間這種差異時，提出所謂的性擇：雌性喜歡和顏色更亮麗、更有吸引力的雄性交配[1]。然而，蝴蝶和蛾的毛蟲則是一群顏色不適用於這個解釋的動物，因為還在幼蟲的狀態，性功能尚未成熟，無法繁殖。達爾文那時準備要動手寫性擇的書，正在尋找其他的解釋，便詢問了貝茲的忠告。貝茲是位一流的博物學家，曾於一八五〇年代遊遍了亞馬遜河流域，用文字詳細記述當地的昆蟲。貝茲反過來建議達爾文去問曾和他到過南美洲的華萊士。

一八六七年二月二十四日，華萊士寫信給達爾文：「幾天前我見過貝茲，他提到了毛蟲的難題。我想這個問題只能透過特別的觀察來解決。」當時，華萊士推測：

鳥類……我假設牠們是毛蟲的最大敵人。假如身無長毛的那些則用討厭的味道或氣味來保護自己，牠們不會被誤認成好吃的毛蟲，就是一種正面的優勢，因為我相信，鳥嘴一啄之下的細小傷痕也一定能殺死尚未長成的毛蟲。那麼，豔麗而引人注目的顏色就能讓牠們跟褐色綠色的可食用毛蟲加以區分，也能讓鳥兒更容易認出牠們不適合食用，以便逃脫被抓傷的機會，因為被抓傷跟被吃掉一樣糟糕[2]。

他接著說：「養了不少食蟲性鳥類的人可以用實驗證明這一點。鳥兒應該通常會拒絕食用顏色豔麗的毛蟲，也會拒絕碰到牠們，而會把那些有保護色（也就是偽裝）的毛蟲狼吞虎嚥吃下去。我會詢問布萊克希思的威爾先生。」

威爾和弟弟威廉都是博學多聞、值得信賴的養鳥人，達爾文常向他們請益。接到華萊士的請求後，擔任會計師的威爾利用空閒時間進行必要的實驗，一八六八年，他把觀察到的結果報告給達爾文。

威爾的觀察結果得到史丹頓的證實，他是一位非常傑出的鳥類學家，一八六七年他告訴華萊士，在「捕蛾」後，他已經習慣把所有常見的種類丟給家裡養的家禽。有一次，一窩年幼的火雞急急忙忙把丟過去的蛾都吃掉了，但「其中有隻常見的白蛾。一隻火雞叼進了嘴裡，搖搖頭把蛾丟下，另一隻衝過去搶食的火雞也一樣，重複數次後，整窩火雞都不肯吃下這隻蛾。」那隻白蛾就是巢蛾，前面威爾的鳥覺得很難吃的也是巢蛾的幼蟲。

華萊士、威爾和史丹頓首開風氣的實驗之後也被更近代的研究人員詳細驗證，包括瑞典斯德哥爾摩大學的行為生態學家威克隆德（也是巴布狄倫的歌迷）。一九八〇年代，威克隆德和同事使用：

> 選擇四種不同鳥類，包括白頰山雀、藍山雀、歐洲椋鳥和普通鶺鴒，並且是未曾被實驗過的個體，證實了這是普遍的現象：鳥類確實有味覺，一把味道差和有警戒色的昆蟲吃進嘴裡就會吐出來，而且不會傷到昆蟲——想必並非出自同情心或寬宏大量，而是為了避免把討厭的東西留在嘴裡[3]。

這些觀察都提供了清楚的證據，鳥類用味覺和視覺連結牠們的獵物和美味程度。很多動物都有警戒色，包括昆蟲、魚類和兩棲類，接下來我們會看到鳥類也有。

在達爾文之前，鳥類是否具備味覺一直都是爭議的主題。首先，鳥類堅硬的喙和人類柔軟有感覺的嘴巴非常不一樣，很難想像鳥類能不能嘗到跟我們一樣的味道。人嘴的構造很特別：柔軟溼潤，有條肥厚的舌頭，味覺、熱覺和觸覺都非常敏銳，除了吃東西，熱吻時也能派上用場。我們的嘴巴跟鳥喙實在太不一樣了：鳥喙很堅硬，通常末端很尖，內部看起來應該很不敏銳。大多數鳥類的舌頭很硬，不太明顯，形狀跟箭一樣，躺在下顎裡面，乍看之下似乎無法繫住這麼多味蕾。此外，鳥類沒有牙齒，不能咀嚼食物，只能直接吞下，讓人覺得牠們沒有味覺。再者，鳥喙讓鳥兒無法做出跟味覺有關的表情，例如愉悅或厭惡，因此，一般人認為鳥類沒有味覺，或只有一點點，也不足為奇[4]。

人類的味蕾於十九世紀首次有人敘述。不過早在那之前，味覺就是很多人著迷的題目。亞里斯多德相信，味覺從舌頭透過血流傳輸到心臟和肝臟，而在西元前四世紀，人類認為靈魂藏在心臟和肝臟裡，這兩個臟器也是所有感官的源頭。後來，羅馬解剖學家蓋倫（西元一二九至二〇一年）推翻了亞里斯多德的想法，描繪出舌頭中的神經的源頭，也就是大腦的底部。一六六五年，義大利解剖學家貝里尼發現了人類舌頭上的味覺「乳突」（乳頭狀的構造），應該是受到馬爾皮基（一六二八至一六九五）的啟發，後者在前一年發現了牛舌上的乳突。貝里尼的敘述充滿熱情，非常精彩：「許多乳突非常明顯，或許可以說數不清吧，外型太優雅了……」他說乳突看起來像「不可計數的蘑菇，從密布的細草間挺出來……」真正的味蕾（那微小的神經末梢）要再過兩個世紀才會發現，一八五〇年代在青蛙和魚類身上，一八六〇年代在人類身上。味蕾和舌頭上的乳突密切相關，表示它們都和味覺有關[5]。

蘇格蘭博物學家瑞尼一八三五年在著作《鳥類的能力》中寫道，雖然「至少有些鳥具備味覺」，但「有些以觀察正確度而聞名的作者卻明確或片面否認這件事，包括蒙塔古上校和布魯門巴赫，因為有些鳥的舌頭是『角質狀，僵硬，沒有神經，因此不適合當作味覺器官』。」不過瑞尼也很敏銳地指出：「不合理，因為大多數動物的舌頭都是主要的味覺器官，那麼鳥類……不能用味覺辨別食物，因為口中的其他部位也能執行這項任務。[6]」

那時，只有瑞尼一個人認為鳥類有味覺，但稍想一想就知道鳥類不大可能沒有味覺也能生活。要辨別可食用和不可食用（也有可能帶來危險）的食物，味覺非常重要。但是，過了六十年，紐頓在龐大的《鳥類大辭典》中指出：

> 一般都認為舌頭是主要的味覺器官；但在鳥類身上並非如此……誠然鳥類的舌頭感覺非常敏銳……也是感覺神經末端的器官；但這些小體通常深深嵌入，藏在不能穿透的角質鞘下，因此無法發揮味覺器官的功能，但可以當作觸覺器官[7]……

當然，最後鳥類身上依然發現了味蕾。畢竟鳥類怎麼可能沒有味覺？有一段時間，穆爾和艾略特一九四六年出版的著作變成這個領域最可靠的概觀。他們說，鳥類只有很少的味蕾，都在舌頭上，後來的研究人員對這個看法也未提出質疑[8]。

快轉前進到一九七〇年代，來到荷蘭的萊登大學，這時柏考特還很年輕，正在念博士班。他研究的主題是鳥喙中和觸覺有關的微小結構。一九七四年一月的某一天，他正在指導兩名學生進行駕輕就熟的解剖學練習，他們用鴨子的頭，從一連串薄薄的2D切片建構出3D影像，並有了令人興奮的發現。

柏考特把他們正在觀看的切片影像投在桌子上，方便查找，有個很特別的影像出現了，他注意到異常的地方。在鴨嘴的尖端有「奇怪的卵形神經叢，延伸到嘴尖內的小孔裡」。他告訴我：「那時我發覺，我找到味蕾了。我真的好興奮！」全新的發現。之前和鳥類味蕾相關的研究都說味蕾只出現在舌頭或口腔後方。

柏考特的發現讓他把研究主題從原本的觸覺轉到味覺。幾年前，系上的數位同仁證實，綠頭鴨有種獨特的能力，只要用嘴尖抓起豌豆，就能分辨一般的豌豆（牠們很愛）和味道被弄得很難吃的豌豆。鴨子絕對不會搞錯；一定會選到好吃的豌豆。柏考特研究的主要目的就是要找出牠們怎麼辦到。

在接下來的幾年內，他很小心地用顯微鏡檢查綠頭鴨的嘴巴，發現上下顎共有大約四百個味蕾，沒有一個在舌頭上；這跟之前的研究牴觸，很奇怪。味蕾共有五叢，彼此不連在一起，四叢在上顎，一叢在下顎。下一個階段則是要找出味蕾為什麼會出現在這些地方。柏考特的調查方法別出心裁，他用高速X光攝影拍下鴨子撿起食物吞下的樣子。從此看出鴨子叼起食物的地方（嘴尖）和食物進入口腔後朝著喉嚨移動時接觸的地方，正好都符合味蕾的位置，清楚解釋鴨子為何能辨別真正的豌豆和人工調味成不好吃的豌豆[9]。

做博士班研究時，一定要熟悉你的研究主題之前已經出版了哪些文章和作品。這對作學問來說非常重要，不然最後很容易重複前人的結果。此外，知道之前的研究人員做了什麼，你才能以他們的發現為基礎，避開他們已經找出的陷阱。不過，要是文獻用別的語言寫成，你就讀不到了。柏考特的德文很流利，沒想到他居然找到了二十世紀頭十年的一系列論文，之前研究味覺的人都沒看過。第一篇失傳的文章作者是前東德切爾諾夫策大學的博泰扎特，一九〇四年他發現小麻雀的舌頭上有味蕾。第二篇則是柏林大學的巴特寫成，很值得注意的是，他在一九〇六年證實了鳥類有味蕾，也證明味蕾不像博泰扎特說的只在舌頭上[10]。

柏考特有點失望他自己的結果並不如一開始想的那麼新穎，但這些德國解剖學家的結果令他非常好奇。他也發覺自己的發現開展了振奮人心的研究機會，便加以好好利用。柏考特用有效率的新方法去尋找和計算味蕾，畫出味蕾在鴨嘴中的分布。因為早期的研究人員沒聽說過博泰扎特和巴特的研究，一直努力鑽研舌頭，所以嚴重低估了鳥兒擁有的味蕾數量。

我們現在知道雞有三百個，而柏考特發現綠頭鴨大概四百個；東亞鵪鶉只有六十個，非洲灰鸚鵡則有三百到四百個。但除了這幾種鳥，我們對鳥類味蕾總數的資訊仍然非常稀少。看看跟感覺有關的教科書，會列出幾種鳥的味蕾數目，包括藍山雀、紅腹灰雀、斑鳩、歐洲椋鳥和不知道什麼種的鸚鵡。然而，就我所知，因為只算了舌上味蕾的數目，這些數字都太低了[11]。

大多數鳥的味蕾都位於上顎裡面舌頭的根部，靠近喉嚨後方。要查覺到味道，唾液（至少要有一些水分）非常重要，因此不難想像，很多味蕾都在唾液腺開口附近。根據現有的少量資訊，和人類（一萬）、老鼠（一千兩百六十五）、倉鼠（七百二十三）和一種鯰魚（十萬）比起來，鳥類的味蕾算很少了[12]。

即使大家都假設感覺組織的數目跟該感覺的發達程度有關聯，味蕾的實際數目或許不能告訴我們鳥類實際上能嘗到的味道以及牠們分辨不同味道的能力有多好。

一九二〇年代，科學家任許和養鳥人諾恩奇調查過鳥類分辨不同味道的能力。他們的方法很簡單，在裝水的容器裡加了不同的化學物質，來創造出人類有反應的四種主要味覺刺激：鹹、酸、苦、甜，篩選了六十種鳥類的味覺感受，比較鳥類喝加料水和喝純水「控制組」的喝水量。在後來的研究中，實驗的設計改善了，給鳥兒兩個裝水的容器，一個加進已經融化的測驗物質，另一個則是純水。鳥兒偏好的容器都被記錄下來，證實鳥兒能嘗出兩個容器的差異[13]。

這些研究證實了，即使味蕾數目比較少，鳥類仍跟我們一樣，對同樣的味道類別有反應——鹹、酸、苦、甜（不知道牠們是否對最新發現的味覺類別「鮮味」也有反應）。我們也知道蜂鳥能嘗出花蜜裡糖分多寡的差異，吃水果的鳥兒能根據糖分的含量辨別水果熟了沒，以及濱鷸等涉禽能嘗出溼沙裡有沒有蟲[14]。另一方面，我們知道鳥類和人類對某些味道的反應很不一樣。鳥類似乎對辣椒素沒有感覺，但對我們來說含有辣椒素的辣椒吃起來就很辣；的確，在十九世紀末期，養鳥人會餵金絲雀吃紅椒，讓牠們的羽毛變紅，鳥兒吃了以後也沒有不適的樣子[15]。儘管如此，一九八六年一篇關於鳥類味覺的重要文章指出：「一般人都假定鳥類住在人類的感官世界裡，因此鳥類味覺的研究一直受到阻礙。[16]」

一九八九年，在芝加哥大學攻讀博士的敦巴徹有了新發現，非常值得注意：他發現了世界上第一隻味道很可怕的鳥。敦巴徹在巴布亞新幾內亞的法瑞拉塔國家公園研究新幾內亞天堂鳥。他和博士班的同學架網抓到天堂鳥，但常常會同時抓到其他種類的鳥。最常跟天堂鳥一起抓到的是黑頭林鵙鶲，身披顯眼的橘色和黑色羽毛。黑頭林鵙鶲很討厭，除了會發出臭味，從網子裡抓出來的時候總煩躁不安。有一次，敦巴徹要抓出黑頭林鵙鶲時被抓破了皮膚。他馬上用嘴巴吸吮傷口，結果嘴巴發麻了。當時他沒想太多，但過了一陣子，另一名學生也碰到了同樣的事情，他不禁納悶黑頭林鵙鶲有什麼特別的地方。那一季他們沒時間檢查，到了隔年，敦巴徹抓到黑頭林鵙鶲後，拔了一根羽毛嘗了一下。效果非常強烈。羽毛的味道極其令人不悅。

幾個月後，敦巴徹的博士論文指導教授畢勒來訪，敦巴徹告知他的發現，謙遜地問道要不要寫段有趣的紀事，投給當地的鳥類期刊。畢勒卻跳了起來：「你是說，你發現了有毒的鳥？⋯⋯這應該要上《科學》雜誌的封面！把車掉頭！我們回去城裡申請研究這種鳥的許可！」

說起新幾內亞的鳥，畢勒可說是權威，他的著作《新幾內亞的鳥類》內容詳實。畢勒立刻發覺敦巴徹的發現非常特別。以前居然沒有人提過黑頭林鵙鶲的羽毛有毒，也令他驚訝。十九世紀中期，科學界就知道這種鳥的存在，在當地很常見，世界各地的博物館也有數十隻標本。

事實上，當地人**確實**對黑頭林鵙鶲瞭若指掌，他們叫牠 *wobob*，意思是「苦皮膚會讓嘴巴皺起的鳥」。敦巴徹的同事告訴他，紐西蘭人類學家布爾墨和當地人馬內普合著的「舊書」裡曾敘述黑頭林鵙鶲不可口的味道。有多舊？我去找的時候，發現這本書其實不算舊，一九七七年出版。敦巴徹去找的時候，他很驚訝，除了 *wobob* 外，當地人還知道另外一種味道不好的鳥，來自新幾內亞的高地：藍頂鶥鶇（行為跟鳾很類似），當地人叫牠 *slek-yakt*，意思是「苦鳥」[17]。

敦巴徹納悶，這些鳥羽毛上的毒素是什麼，而超乎意料之外的好運引領他找到世界上唯一能提供答案的人。戴利在美國國立衛生研究院擔任藥理學家，花了多年時間研究南美箭毒蛙製造的毒素（所謂的箭毒蛙鹼）。敦巴徹告訴我：

我實在不敢相信我的運氣，居然能跟這位化學家共事，全世界只有他能在實驗室裡輕鬆分離和識別出箭毒蛙鹼。一開始我們對自己的發現存疑（有一個原因⋯⋯這些毒素似乎不太可能出現在新幾內亞鳥類的體內），便重複萃取了幾隻鳥，然後才敢相信結果。但事實擺在眼前，蒐集了許多資料和反覆研究後，我們甚至敘述了好幾種新的箭毒蛙鹼複合物（來自鳥身上），之前在毒蛙身上都沒有發現這些毒素[18]。

黑頭林鵙鶲羽毛和皮膚上的毒素來自食物（其他有毒的動物也一樣），也就是耀夜螢科甲蟲。新的箭毒蛙鹼毒性比番木鱉鹼還強。的確，把黑頭林鵙鶲羽毛中提取的毒素注入老鼠體內，牠們抽搐後就死了，以此證實確實有毒性。

敦巴徹和同事後續的研究揭露出（到目前為止）新幾內亞共有五種毒鳥：黑頭林鵙鶲、鏽色林鵙鶲、黑林鵙鶲、雜色林鵙鶲和藍頂鶥鶇，都有同樣的毒素，都會常常發出強烈而刺激的氣味。在演化過程中，毒素出現或許是為了趕走吃羽毛的蝨子，後來才發展成能嚇阻更大的掠食者。敦巴徹從未看過猛禽來捕捉或殺害他研究的毒鳥，觀察不到反應，因此我們不知道猛禽是否覺得這些鳥很難吃。然而，他用蛇做了實驗，告訴我：「棕樹蛇和綠樹蟒對毒素的反應都很強烈，看似很不舒服，碰到之後也覺得難受，但我們無法做足夠的實驗來證實（或反駁）這些蛇學會了避開毒素。」他也說：「我個人懷疑，在築巢時這些毒素最能發揮作用，幫助保護沒有能力自衛的鳥巢（卵和幼鳥），在鳥兒棲息時也能驅退掠食者。之前有人敘述過一窩黑頭林鵙鶲，指出毛茸茸的幼鳥顏色很鮮豔，我一直想找一窩鳥來測試毒素，不過我還沒找到。」敦巴徹想，成鳥羽毛上的物質在孵卵時會抹到蛋上，有助於趕走會偷卵的掠食者，例如蛇[19]。

一九九二年，敦巴徹和畢勒按照計畫在《科學》雜誌發表了文章，並搭配封面照片，提醒科學界世界上有味道不好、帶有毒性的鳥[20]。研究人員因此而向他們通報其他看似有毒的鳥。其中也有奧杜邦的故事，他射了十隻卡羅萊納長尾鸚鵡（現已絕種），把屍體煮給貓吃，就是為了知道這種鳥是否有毒。他沒公布結果，但貓不見了，他說，前一年夏天，有七隻貓因為吃了「鸚鵡」而死。這種鳥以蒼耳屬植物的種子為食，而那種植物已證實含有毒素，因此牠們可能有毒[21]。

另一個耐人尋味的例子則是墨西哥的紅頭蟲鶯，外型正好也很顯眼，在《佛羅倫汀手抄本》（哥倫布發現美洲大陸以前關於阿茲特克動物和植物的描述）中也有敘述，說這種鳥不能吃。敦巴徹的發現給了大家啟發，研究人員透露，紅頭蟲鶯的羽毛含有生物鹼，而生物鹼注入老鼠後會導致「異常行為」[22]。這項很特別的研究並未完成，更令人急於看到結果，墨西哥的鳥類學家和生物化學家可以利用這個好機會攜手合作。

因為到目前為止，沒有人看過猛禽會抓走林鵙鶲或鸊鶇，我們不知道猛禽會有什麼反應。會像敦巴徹跟他拿來實驗的蛇一樣，覺得噁心，趕快摒除嗎？我猜答案是肯定的。新幾內亞這些味道不好但顏色鮮豔的鳥類就像達爾文和華萊士的毛蟲，鮮豔的顏色等於警告：**不要吃我，我不好吃**。而達爾文跟華萊士卻沒想到，連鳥類也是如此，主要是因為我們覺得非常美味的鳥類太多了，鴨子和山鷸，就連雲雀和鵪也是。

敦巴徹的發現提供了令人心服的證據，鳥的味道可能不好，而難吃的味道則和明亮的羽色有關。但這也並非沒有前例，因為早在五十年前就是熱門的研究主題。

一九四一年十月，劍橋大學的動物學家考特在埃及的英國軍隊服役。他有一個星期的休假，正準備把射到的鳥做成博物館的剝製標本。這時，他注意到有個東西很奇怪。在工作台下有棕斑鳩和斑魚狗的屍體。胡蜂正在盡情享用棕斑鳩，可是不管旁邊的斑魚狗。棕斑鳩的顏色很不明顯，斑魚狗則是對比強烈的黑白兩色。考特因此陷入了沉思。他原本就很著迷於動物的顏色，著作《動物的顏色》則於前一年出版，現在已經是經典之作[23]。後來考特說，胡蜂事件是個「很好的例子，說明機緣和未曾預期的觀察可能會啟發人心，帶我們走上成效豐碩且尚無人深入探索的領域。[24]」

那時，還沒有人想到鮮明的羽色或許能保護鳥兒不被掠食者攻擊，在接下來的二十年內，考特孜孜不倦，繼續探索這個題目。他用胡蜂、貓和人類當作「試食者」，加上其他吃鳥肉的人提供的說法，評估各種鳥類的好吃程度，包括鷯雉、錫嘴雀、戴勝和家麻雀。他結論出真的很好吃的鳥像山鷸、松雞和鴿子，顏色都很不顯眼，而不好吃的種類則色彩比較鮮豔，也就是所謂的警戒色。他的發現後來刊登在一九四五年的《自然》雜誌上[25]。

然而，考特的研究破綻百出。應該說，問題在於科學調查的本質自一九四〇年代以來出現了巨大的變化，而考特的方法充其量只能說奇特有趣，按今日的標準來說就是不恰當。比方說，幫鳥羽毛的明亮度打分數時，考特只用雌鳥，忽略了雄鳥和雌鳥羽色可能相去甚遠這件事（有難言之隱？）。他假設（但從未查驗）雄鳥和雌鳥嘗起來的味道一樣。考特也只吃了肉的味道，而且是煮好的肉，跟（意外）嘗到黑頭林鵙鶲羽毛的敦巴徹不一樣，畢竟羽毛才是掠食者會第一個碰到的東西。我們也看到了，人類的感覺不一定是測量鳥類感覺的好方法，因此我們吃起來覺得味道很差的東西可能會給猛禽或蛇不一樣的感覺。退一步說，我們也知道為考特提供資訊的人或動物不一定很可靠[26]。

不太可能會有人用更嚴密的方法來重做考特的研究，但就我來說，一般鳥類羽毛明亮度和好吃程度是否有關聯，仍沒有明確的答案。由於我們已經證實羽色鮮明度在鳥類擇偶時扮演很重要的角色，要重新評估色彩和難吃程度時也要考慮到這一點。另一方面，我們現在知道至少某些鳥的味覺很發達，也會因為難吃而拒吃某些昆蟲。要進行簡單的行為測驗，來發現某些鳥是否對掠食者來說味道不好，原則上難度也沒那麼高。比方說，可以把包在林鵙鶲羽毛裡的肉餵給圈養的新幾內亞猛禽（看反應就可以了，不需要危及生命……），看看牠們如何反應。

本章也該結束了，我們已經證實鳥類的確有味覺。並非非常明顯，因此研究得還不夠深入，但事實的確如此。我們對哪些鳥具備味覺的知識依然受限，如果有人能進行廣泛的調查，那就太棒了，或許能用腦部掃描技術快速篩選大量的種類。我知道，有些讀者可能會覺得很喪氣，因為我們不完全知道哪些鳥有味覺哪些沒有，但身在學術界，我覺得這是一個機會。這個領域完全不受限制，提供了非常棒的契機待人發掘！

第五章　嗅覺

在鳥類學的領域中，有些通常被當成本能的東西其實該有更好的名稱，但也是鳥類經濟（生活方式）中非常有特色的地方。這些東西有時會讓人摸不著頭緒，但最令人費解的則是嗅覺，有些人斷言存在，有些人則否認。

——葛尼，一九二二，〈論鳥類擁有的嗅覺〉，《鳥類科學國際期刊》第六十四卷第二期，第二二五至二五三頁

鷸鴕。下圖（由左至右）：喙尖（側面圖）有無數的小孔，含有感覺神經末梢和鼻孔（較大的開口）；上喙的剖面圖顯示複雜的鼻腔；鷸鴕的腦（喙的方向在左邊）則有巨大的嗅球（深色區域）。

十六世紀中期，在葡屬東非（今莫三比克）的葡萄牙傳教士多斯桑托斯在日記中抱怨，每次在小小的教堂中點燃蜂蠟蠟燭，就有小鳥進來把半融的蠟吃掉。當地人告訴多斯桑托斯那是*sazu*——「吃蠟的鳥」（他應該也猜到了）。我們現在知道那是嚮蜜鴷，四個世紀後在著作中，佛萊德曼問「在顯然沒有蜜蜂的地方，鳥兒怎麼知道那裡有蠟……目前還沒有令人滿意的答案。牠們不太可能用嗅覺找到蠟，因為鳥兒通常嗅覺不怎麼敏銳」[1]。

不知道為什麼，鳥類學家很難承認鳥或許也有嗅覺。隨便問個鳥類學家，他會嗤之以鼻，說，沒有，鳥類大腦中的嗅覺區不怎麼活躍。他們錯了，而這都是奧杜邦的功勞，他是有史以來最偉大的鳥類藝術家，也引領大家走上錯誤的軌道。十八世紀末的時候，奧杜邦還是個小孩子，有人告訴他紅頭美洲鷲「天賦異稟」，所以能找到動物的殘骸：這天賦便是敏銳的嗅覺。但奧杜邦後來觀察到：「大自然雖然美妙而豐盛，卻不會讓某種個體具備超乎需求的能力，因此個體無法有兩種以上非常敏銳的感覺；如果嗅覺很強，就不需要很好的視力。」也就是說，奧杜邦的想法很奇怪，他認為物種無法同時擁有兩種很發達的感覺。他躲在樹後，然後慢慢接近紅頭美洲鷲，發現牠們聞不到他的味道，但看到他的時候「就立刻飛走了，非常害怕」，一點不讓人覺得牠們的嗅覺很敏銳，他「努力不懈地進行一連串的實驗，起碼要向自己證明牠們的嗅覺到底有多敏銳，還是根本不存在」[2]。

奧杜邦這個人頗有傳奇色彩，是法國船長和女傭的私生子，生氣勃勃、難以捉摸、充滿魅力。一七八五年生於海地，六歲時移居法國跟父親以及他無子嗣的妻子安同住。十八歲的時候，父親把他送到美國賓州管理大農場，但奧杜邦對農業沒有興趣，可以說對能夠餬口的工作都興趣缺缺。另一方面，他熱愛鳥類，喜歡賞鳥、獵鳥和畫鳥。在這過程中，他發現了新種，率先觀察到某些鳥類的行為，藝術天分更加精進。他也順便追求英國鄰居的女兒貝克維爾，並在一八〇八年將她迎娶回家。

奧杜邦決心靠繪製鳥類插圖為生，便前往美國東岸，雖然認識了不少有力人士，卻無法說服任何人承認他的藝術作品具有價值。奧杜邦繼續向外追尋財富，於一八二六年前往英國，留下貝克維爾和年紀尚幼的孩子。他很有信心，非常驕傲，十分自豪他身為田野鳥類學家的技能，在利物浦第一次展出便非常成功。從來沒有人用這種方法繪鳥：大小姿態都符合實際，相關的特色都畫了出來。這正是因為奧杜邦太了解鳥兒了，所以能確切抓住牠們的本質。

在前往英國之前，奧杜邦早就測驗過紅頭美洲鷲有沒有嗅覺。實驗時，他把各種大型動物的屍體埋起來，看看紅頭美洲鷲能不能找出來。牠們一直找不到，奧杜邦結論說，除非看得到屍體，不然就找不到。奧杜邦對他的結果信心滿滿，決定在一八二六年到愛丁堡自然史學會發表紅頭美洲鷲實驗的細節。後來他的論文刊出了，標題既囉嗦又氣人，但說得很清楚：「紅頭美洲鷲的習性記述，一般認為牠們具備了非凡的嗅覺，而本文特別要推翻這個看法」。

奧杜邦的論文發表後，對鳥類學界的影響非常顯著。鳥類學家出現了分裂，但分得很不平均，因為大多數人站在奧杜邦這邊，認為他的實驗「無法反駁」，也就是非常具有說服力[3]。追隨奧杜邦的人有他的朋友和代筆人麥吉利夫雷[4]，以及幾位卓越的鳥類學家，包括德瑞瑟、斯文森、查普曼、庫伊司和里弗德。最後兩人「熱愛戶外運動」，他們對「鳥類沒有嗅覺」的證據來自打獵的經驗。他們說，從上風處或下風處靠近鳥兒似乎都沒關係，在大多數情況下不會造成差別[5]。

美國路德會的牧師和博物學家巴克曼在奧杜邦熱情的支持者中可以排到前幾名，他在「一群博學多聞的市民」面前重演奧杜邦的實驗，他們隨後簽了一份文件，聲明他們見證了測試，完全相信紅頭美洲鷲沒有嗅覺，「全靠視覺」被吸引到獵物前。集體認證通過的科學[6]！

在批評奧杜邦的人裡面，吵得最大聲的就是住在英國約克郡沃爾頓霍爾的瓦特頓，他很精明，但個性古怪，在南美洲待了很多年研究自然史，對紅頭美洲鷲非常熟悉，堅信奧杜邦的實驗一定有缺點。瓦特頓說對了，但他的論點不夠直截了當，態度又很奇怪，因此鳥類學界不採信他的說法[7]。

奧杜邦的實驗的確有缺點。他假設紅頭美洲鷲會尋找發出腐敗惡臭的屍體，拿這樣的屍體來實驗，就錯了。我們知道，雖然紅頭美洲鷲以屍體為食，但牠們偏愛新鮮屍體，會努力避開已經開始腐爛的——因此奧杜邦的結果也錯了。還有另一個問題讓情況更加混亂。奧杜邦說他用來做實驗的鳥兒是紅頭美洲鷲，拉丁學名 *Cathartes aura*，事實上，他用了拉丁學名是 *Coragyps* *atratus*的黑美洲鷲，外型雖然相似，但嗅覺比紅頭美洲鷲差多了[8]。

為了確認鳥類是否有嗅覺，科學家做了更多的調查，強化了原本的結果，認為牠們沒有嗅覺，不過這些實驗跟奧杜邦的一樣，設計得十分低劣。其中包括西爾在一九〇五年做的調查，給一隻馴養的火雞兩堆食物，一堆下面藏了味道濃烈的物質，包括薰衣草油、大茴香精油和阿魏酊[9]。他假設，如果火雞有嗅覺，就只會吃沒有其他味道的食物。結果，火雞吃了。西爾最後做的實驗給那隻可憐的火雞吃的食物配了一碟辛辣的稀釋硫酸，還加了大約二十八克氰化鉀。產生的反應非常激烈，製造出一團氫氰酸，殺死了火雞。這些實驗也一樣上了《自然》雜誌，西爾根據結果做出「火雞沒有嗅覺」的結論，並類推到所有其他鳥類。

「科學」證據似乎排除了鳥類具備嗅覺的可能性，但有許多非正式的證據卻暗示正好相反。十八世紀末在英國諾福克，藍山雀的別名叫作「偷乳酪」，因為牠們習慣飛進製酪場偷吃乳酪；牠們想必聞得到氣味。沒有確切的證據：製酪場就在那裡，鳥兒或許發現了位置後記下來；如果藍山雀只在製做乳酪時飛來，那就更有說服力了。我們沒有答案。在三百年前的日本，藍山雀的近親赤腹山雀被訓練成能算命。（被馴服）的鳥兒先挑一張卡片，正面向上放在桌子上，然後算命仙大聲念一首詩，卡片的內容正好符合詩文。要訓練鳥兒完成這樣的工作真的很難，但主人會把燒過的東西塗在他們**不要**鳥兒挑選的卡片背面，藉此達到目的。因為有效，表示鳥兒用嗅覺辨別卡片。另一樁軼事則提到有些涉禽能聞到泥的味道。諾福克的博物學家葛尼說道：

在諾福克，大家常常「滌淨」排水溝，也就是清理「溝渠」或牧草地上的水道，有時候味道挺難聞。一次又一次，我注意到泥巴遲早總會引來白腰草鷸，這種鳥不怎麼常見……但除非能聞到，牠們怎麼會發現剛翻好的汙泥呢？能找到很多食物呀[10]。

說服力更強的則是渡鴉能感覺到死亡的小故事。下面這則聽起來特別像哈代小說裡的情節[11]：

一八七一年五月，在威爾特郡的默西，貝克先生正在兩個孩子的喪禮上，他們死於白喉。往墓地的路沿著丘陵區向前，約莫一英里長，靈車還沒走多遠，兩隻渡鴉就飛來了。全身漆黑的鳥兒……伴著送葬的人走完大部分的路途，朝著棺木俯衝了好幾次，引起大家的注意，貝克先生對牠們的嗅覺一點也不懷疑，牠們能偵測到棺木裡有什麼[12]。

有人加注說：「讀了這段敘述後，很難再把大家長久以來對渡鴉的看法當成寓言；這裡就很確定了，因為棺木蓋著，看不看得到完全無用，渡鴉只能靠嗅覺發現裡面放了什麼。[13]」很多人相信渡鴉能預言死亡，因此牠們出現在莎士比亞的《奧賽羅》中（第四幕第一場）：

「就像預兆不祥的渡鴉，在染疫人家的屋頂上迴旋。」

解剖結果提供更有力的證據。十九世紀時，我們對解剖學的了解大為躍進。解剖變成一種狂熱，尤其是英國和德國的動物學家最為投入。在英國，解剖高手非歐文莫屬——因為他拒絕承認物競天擇，堅持英國國教的看法，認為現有的生物型態都是上帝創造出來的，以此狠狠打擊達爾文的說法。重點在於舉止，因為歐文的解剖能力非常強，也厚顏無恥地巴結權貴向上爬，削尖了頭鑽進維多利亞社會的上流階層。

維多利亞時代對解剖學的著迷設定了後來一個半世紀大學動物系的主題。一九六〇年代末期，我正在念大學，動物界中可以解剖的我都剖過：蚯蚓、海星、青蛙、蜥蜴、蛇、鴿子和老鼠。我很愛。貓鯊是我們的模式生物；一周又一周，我們從一大盆惡臭的福馬林裡撈出自己貼了標籤的貓鯊，繼續解剖工作。腦神經尤其重要，從腦子裡出來，控制大多數身體機能，但那時我不太了解有什麼意義。雖然聞福馬林聞得鼻孔都麻痺了，但解剖貓鯊很好玩。骨架幾乎都是軟骨，不是堅硬的骨骼，很容易就能削開頭顱，就像把豆子切片一樣，露出從腦部向外的繩狀神經。第五條神經叫作三叉神經（有三條主要的分支而得名），跟其他脊椎動物一樣，從鼻腔把資訊帶到腦部。

一八三七年，歐文解剖了紅頭美洲鷲，因為奧杜邦斷言這種鳥不靠嗅覺找到食物，他想要驗證，也發現了三叉神經。歐文把紅頭美洲鷲跟火雞比較了一下，他覺得比較這兩種鳥很合理，因為體型相若，而且「火雞的嗅覺或許可假設跟紅頭美洲鷲一樣差，假設真如奧杜邦的實驗所示，紅頭美洲鷲在覓食時不需要嗅覺的協助的話」。解剖揭露，紅頭美洲鷲的三叉神經特別大，歐文認為「紅頭美洲鷲的嗅覺器官很發達，但是否只靠嗅覺找到獵物，或者嗅覺能提供什麼程度的協助，都不適合用解剖學來解釋，依然要靠實驗」。另一方面，從很多小故事可以看出，紅頭美洲鷲的嗅覺非常發達；歐文提到一則塞爾斯先生說的故事，他是牙買加的一名醫生：

這種鳥在牙買加島為數眾多，在當地叫作約翰．克勞……一名老病人，也是我很看重的朋友，於午夜時分去世：家人必須派人去三十英里外的西班牙鎮購置喪禮要用的物品，因此要等到第二天中午才能舉行儀式，也就是死亡後要過三十六小時，在那之前，最令人痛心的情景便是他家（只有單層的大房子）的木頭屋脊上站滿了這些面容陰鬱的死亡使者……這些鳥一定只因為聞到了味道才來，因為不可能看到發生了什麼事[14]。

歐文的解剖結果證實大家忽略了美洲鷲的嗅覺。其他同時代解剖過暴風鸌、信天翁和鸊鷉的動物學家也遭人忽視，而這些結果都指出這些鳥的嗅覺非常發達[15]。一九二二年，葛尼指出，鳥類嗅覺缺乏證據，實在很奇怪，因為其他的動物都證實有嗅覺。他說：「哺乳類的嗅覺極為發達，則無庸置疑。」魚類呢？他說「所有人都承認」魚有嗅覺。更值得注意的是，就連某些蝴蝶和蛾「也被認為能享受嗅覺的功能」。鳥類就令人不解了，在牠們的感覺中，嗅覺則最令人困惑：「真奇怪，這麼重要的問題居然仍無解答。[16]」

現為利物浦大學動物系教授的龐夫瑞一九四七年寫了一篇有關鳥類感覺的評論，刊登在《鳥類科學國際期刊》上，討論完視覺和聽覺後，他說：「其他的感覺器官就沒什麼好談的了。和更受眷顧的哺乳類比起來，嗅覺的發展當然只算普通。」龐夫瑞也聽說了某些軼事，知道有些鳥確實具有嗅覺，而他也指出，那跟其他的說法又矛盾了[17]。他很絕望地舉手投降，結論說：「的確，在這個領域中，無法做關鍵性的實驗，因為人類的努力都被極端的困難蓋過了，不知道到底要找出什麼結果。跟人類嗅覺能勉強稱得上一致的理論一直都沒出現……[18]」

那篇評論發表的幾年前，加拿大國家博物館的鳥類部門負責人泰凡納寫了一篇短文（其實跟便條一樣短），說的話也差不多，哀嘆我們對鳥類嗅覺所知甚少：「或許這些題目不容易，但也該著手處理了。心靈手巧又有野心的研究生可以抓住這個機會，一戰成名，征服新的領域！[19]」泰凡納沒想到，發起用科學方法研究鳥類嗅覺的人不是研究生，也不是男人。

換邦貝琪上場了，她是一九五〇年代末期在美國約翰霍普金斯大學的醫學繪圖員。憑一己之力，她轉化了鳥類嗅覺的研究，從學術界不見天日的地方拖出來，變成注目的中心。

邦貝琪為她的教授丈夫工作，幫他繪製關於鳥類呼吸道疾病文章的插圖。因此她需要從丈夫豐富的解剖收藏中挑出樣本，解剖和繪製牠們的鼻腔。邦貝琪沒受過什麼生物學的訓練，卻是充滿熱忱的業餘鳥類學家，而且非常聰慧。在解剖和繪圖的過程中，她不禁納悶為什麼不同種類的鼻腔構造會有這麼大的差異。

人類鼻子內叫作鼻甲骨的結構，會溫暖和潤溼吸入的空氣，也能偵測臭味[20]。這個術語或許聽起來很陌生，但鼻甲骨就是鼻子上方堅硬部位內跟酥餅一樣薄的骨片，在打架的時候很容易破裂，做鼻部整型手術的時候比較難重新塑形。對鳥類而言，空氣從外部的兩個鼻孔吸入，大多數鳥的鼻孔都只是鳥喙上方的兩條隙縫。大多數鳥類上喙的裡面分成三個腔室，前兩個負責溫暖和潤溼吸入的空氣，空氣有一部分通過嘴巴進到肺裡。第三個腔室位於鳥喙包含鼻甲骨的根部，而鼻甲骨則由渦卷般的軟骨或骨頭構成。空氣從蓋著一層組織的骨片間通過，而組織上有很多微小的細胞，能偵測氣味，把資訊傳到腦部。鼻甲骨愈複雜、卷的圈數愈多，表面積愈大，偵測味道的細胞也愈多。大腦負責解讀氣味的部位靠近鳥喙根部，叫做嗅球，因為形狀圓圓的[21]。

看著解剖的結果，邦貝琪百思不解，這麼大這麼複雜的鼻腔居然沒有嗅覺，而且所有的教科書都這麼聲稱。她「非常擔憂有關鳥類嗅覺能力的資訊都錯了，她想要修正這樣的誤解。[22]」為什麼會誤解？她猜測，解剖學家和進行行為研究的人彼此缺乏溝通。近來為了確認鳥類能否偵測到化學訊號的幾項研究都用鴿子測試，雖然方便取得，但生物學上來說不適合研究，邦貝琪說鴿子的嗅覺「配備不佳」。另一個問題則是行為實驗本身的設計通常很糟糕。

在一開始的調查階段，邦貝琪把注意力放在三種不相關的鳥上，都有特別大的鼻甲骨，但生活方式大不相同。（一）奧杜邦認為他已經研究過的紅頭美洲鷲，日行性，以屍體為食；（二）黑腳信天翁，遠洋海鳥，以烏賊和鯨魚殘骸（海洋動物屍體）為食；（三）油鴟，夜行性熱帶鳥類，以水果為食，我們前面已經看過，會在一片漆黑的洞穴裡做巢。解剖的證據感覺非常有力——除非能偵測氣味，不然這麼精密的鼻腔組織還有什麼目的？最後寫出的論文〈幾種鳥類嗅覺機能的解剖證據〉——邦貝琪的第一篇，加上了這些鳥頭部的解剖圖，有點殘忍，但細節都很清楚。論文於一九六〇年刊在《自然》期刊上，她的一位同事後來說：「邦貝琪的論文讓我們無法否認鳥類的確有嗅覺；」邦貝琪「在接受度很高的時候做出了重大的貢獻。[23]」

在一九六〇年代，邦貝琪繼續研究不同鳥類的解剖構造，但在一九六〇年代末期跟寇柏會面後，才踏出了重大的下一步。邦貝琪和丈夫在麻州鱈魚角南端的伍茲霍爾有棟度假屋，夏天都在那裡度過。在一次晚宴上，她旁邊坐的就是寇柏，一位已經退休的神經精神病學家，熱愛鳥兒和大腦。幾年前，寇柏發表了一篇短文，主題就是鳥類的嗅球。他跟邦貝琪一拍即合，合作進行了一項龐大的比較研究，比較了一百零七種鳥類腦中的嗅球大小[24]。

他們用尺量嗅球的長度，算出跟大腦最長處的百分比[25]。他們知道如此測量嗅覺能力太馬虎了，但更好的方法則是把嗅球切出來，稱重後計算出占剩餘腦部質量的百分比；不過這個方法要花很多時間（解剖的方法不一樣），也會毀掉博物館裡的標本。不過，他們簡單的指數起碼在這個當下能達成目的。

下面舉幾個例子，從大排到小，數字愈高，嗅球的相對尺寸愈大：

雪鸌	37
鷸鴕	34
鸌類——平均值	29（範圍從18到33）
紅頭美洲鷲	29
夜鷹類——平均值	24（範圍從22到25）
鷿雉	24
秧雞類——平均值	22（範圍從12.5到26）
野鴿	20
水鳥——平均值	16（範圍從14到22）
家雞	15
鳴禽——平均值	10（範圍從3到18）

整體來說，邦貝琪和寇柏的比較研究揭露在不同種類的鳥身上，嗅球的相對尺寸可以差到十二倍：從黑頂山雀（一種鳴禽）細小的嗅球，到雪鸌的巨大嗅球[26]。他們也假設嗅球的相對尺寸

反映出嗅覺能力，一直到了一九九〇年代，研究人員證明了嗅球大小和氣味探測閾值之間的關聯，就正式確認了兩者之間的關係[27]。總的來說，邦貝琪和寇柏能夠做出這樣的結論：「我們的調查指出，對鸕鷀、具有管鼻的海鳥和至少一種美洲鷲來說，嗅覺非常重要，大多數的水鳥、草澤鳥類和利用回聲定位的鳥都有非常有用的嗅覺。對其他種類的鳥來說，或許相對而言沒那麼重要。[28]」

美國的研究人員史塔格看了邦貝琪一開始的文章，深受啟發，決定再做一次奧杜邦的行為實驗。紅頭美洲鷲嗅覺發達，已經有令人信服的解剖證據，但仍需要行為證據。史塔格全心投入這個問題，準備了一些野心十足的野外實驗，比方說，要對著藏起來的動物屍體吹風（對照組則是對著空無一物吹風），看看對紅頭美洲鷲有什麼效果。結果非常驚人。就算看不到，鳥兒絕對能聞得到屍體。偶然之下，他跟加州聯合石油公司的人聊了一下，結果就有了大突破，讓他識別出動物屍體的氣味究竟有什麼能吸引到紅頭美洲鷲。那人告訴史塔格他們公司在一九三〇年代注意到天然瓦斯管線漏氣時，紅頭美洲鷲便尋味而來。瓦斯裡含有乙硫醇，聞起來就像壞掉的甘藍菜（口臭和脹氣的臭味也由此而來）；腐敗的有機物質也會散發出乙硫醇，包括動物屍體。聯合石油公司因此在瓦斯裡加了更濃的乙硫醇，以便找出漏氣的位置。早在一九三〇年代，這家公司就知道紅頭美洲鷲的嗅覺發達，當史塔格把飽含乙硫醇的氣體吹過加州的山丘，紅頭美洲鷲自然群集而來[29]。除了找到有力的行為證據，證實紅頭美洲鷲用嗅覺找到食物，也辨別了哪種物質會發出吸引牠們的氣味。

邦貝琪的解剖研究具備原創性，加上她跟寇柏一同對嗅球做的比較研究，開創了新的風氣。但科學的本質便是「當下的真理」，不久，其他科學家又會用全新的眼光檢視這些結果。科學不斷在變，無可避免的是，新的洞察和新的技術終究會暴露邦貝琪和寇柏的研究有哪些限制。的確，邦貝琪和寇柏的調查就遵循這種模式，他們根據十九世紀做的研究，並加以改善[30]。邦貝琪和寇柏的研究從很多方面來看，都是模範科學。他們非常小心地測量樣本，清楚呈現結果，也指明了他們估算出來的嗅球尺寸只是指數，態度謙遜地希望「這些粗糙的嗅球比例或許能指出（嗅覺的）相對重要性」。我們已經看到，他們主要的結論是，除了鷸鴕外，具有管鼻的海鳥（信天翁和鸌）與紅頭美洲鷲，「大多數的水鳥、草澤鳥類和涉禽……嗅覺都能發揮極大的效益」。

一九八〇年代，進行比較研究的方法出現了重大的改善。兩名牛津大學的科學家希莉和基爾福運用這些新方法，決定要檢查邦貝琪和寇柏的結果。我問希莉她為何覺得值得一行，她說，除了對新技術很有興趣外，她也發現邦貝琪和寇柏在解釋嗅球大小變化時不夠清楚：「我猜，那時候更難在比較分析中確定一個變數。此外，我是紐西蘭人，鷸鴕的嗅球占腦部比例很高（又是夜行性），因此，值得看看行動是否會影響其餘的變化。」她又意味深長地加了一句：「大家對鳥類行為中嗅覺扮演的角色似乎不怎麼關心，一直讓我覺得很驚訝，並不是因為別人應該要看我們的文章，而是因為只要注意到了，就會發現嗅覺跟鳥類的行為息息相關。[31]」

有兩個主要的因素。第一，邦貝琪和寇柏沒考慮到**相對生長**的現象——器官和體型成一定的比例。邦貝琪和寇柏雖未明言，但假設腦部尺寸和身體尺寸成正比。並非如此。比較大的鳥，腦部相對來說比較小，跟人類一樣，成人的腦部所占比例比嬰兒小很多。器官的相對尺寸跟著體型縮小時，叫作負成長。希莉和基爾福擔心，因為忽略了腦部相對大小會隨著體型縮小，邦貝琪和寇柏的結果可能錯了[32]。

邦貝琪和寇柏還忽略了另一件事，因為他們比較的很多物種都是近親，結論可能因此有所偏差。今日把這種偏見叫作**系統**效應（相關詞「系統發生史」*phylogeny* 指物種間的演化關係），以及系統發生史有可能扭曲邦貝琪和寇柏所做這類比較研究的結果，看看不同的例子，或許就能看到曲解的地方。在一九六〇年代，兩名北美洲的鳥類學家威爾納和維爾森想要解釋為什麼有些鳥採行一夫多妻的交配系統。查閱了文獻後，他們認為關聯在於草澤築巢，指出草澤棲息地很豐饒，有許多昆蟲，雌鳥不需雄鳥協助，就能餵飽幼雛，因此演化出一夫多妻制。由於十四種一夫多妻的北美鳥類就有十三種在草澤中築巢，棲息地的影響似乎很明確[33]。但後來大家也看出了潛伏的問題。有九種鳥屬於同一科：擬鸝科，其祖先似乎就在草澤築巢，也採一夫多妻制。換句話說，他們採樣的十四種鳥並不「獨立」，其中九種有共同的演化史，因此他們結論說草澤築巢是一夫多妻制的生態驅動因素，但根據的比較數字比十四少很多，因此更不可靠。到了一九九〇年代初，在此類比較研究中考慮到系統發生的統計方法才出現[34]。

希莉和基爾福的分析顯示，邦貝琪和寇柏雖然在生活方式（也就是住在靠近水的地方）和嗅球尺寸之間找出了連結，但考慮到相對生長和系統發生史，這連結就消失了。生活方式的效應其實是人為加諸的，因為大多數水鳥都來自少數幾個系統群。希莉和基爾福反而發現，夜行性和晨昏活動型鳥兒的嗅葉相對來說比較大，就符合嗅覺發展是為了彌補視覺效能減退的想法。你或許會想，也不算出乎意料之外，不過當事後諸葛總是比較簡單[35]。

一九九〇年出版時，希莉和基爾福的研究奠定了重要的進展，表示我們更了解生態因素會促使鳥兒的嗅覺更發達。但到了現在，過了二十年，似乎又要推翻這個想法，或至少加以修改，因為當下的真理又開始隆隆作響。邦貝琪和寇柏提出了嗅球尺寸相對大小的簡單線性指數，而希莉和基爾福並未想辦法改進。他們只用了原始的數字，並沒有回去檢驗原來的樣本，解剖一大堆標本，不然就無法完成研究了[36]。然而，到了大約二〇〇五年，高解析度掃描和斷層攝影術（3D影像重建）變成醫學和生物學常用的工具，要精確測量鳥兒腦內各個部位的體積也沒那麼難，就能找出嗅球的大小了。

寇菲爾德以及在紐西蘭奧克蘭大學的同仁率先使用3D成像來調查鳥腦的結構，也證實邦貝琪和寇柏的指數有時候非常不準確。客觀而言，邦貝琪和寇柏早就知道有這個可能，為求務實，他們假設不論哪一種鳥，腦部的基本設計都很類似。3D掃描的結果顯示並非如此。寇菲爾德一開始就專門研究鷸鴕，牠的腦部結構就很奇特：嗅葉不像其他鳥類是「球狀」，而是一片平坦的組織，蓋住大部分的腦，前腦則異乎尋常地瘦長。正因如此，邦貝琪和寇柏給鷸鴕的指數非常大，所以他們（大致上）得到了正確的答案（鷸鴕的嗅覺區確實很大），但理由卻不對[37]。

3D研究也透露出其他的鳥有點反常，比方說鴿子的嗅球居然大到超乎所有人的想像[38]，正好符合鴿子透過嗅覺導航的能力，下一章我們就會看到。

所以我們看到了，邦貝琪和寇柏的嗅球尺寸指數風險太高，對於他們研究過的那些鳥，我們需要正確測量牠們的腦部嗅覺區**體積**。考慮到這項工作所需要的時間和精力，或許要等一陣子才有資訊。在那之前，研究人員別無選擇，只能繼續使用邦貝琪和寇柏原始的數值。

最近有一項研究的主題是鳥類嗅覺涉及的基因，也就是嗅覺接受器的基因，使用九種鳥，涵蓋了邦貝琪和寇柏的嗅球尺寸指數，結果顯示整體而言，嗅覺基因的總數和嗅球尺寸成正比。也就是說，嗅球愈大，嗅覺的重要性有可能愈高。鷸鴕和鴞鸚鵡這兩種夜行性鳥類的嗅覺基因數量最多，分別為六百和六百六十七，而金絲雀和藍山雀的嗅球比較小，正如預期地基因也少多了（分別為一百六十六和兩百一十八）。然而，還有另一種異常狀況：雪鸌的嗅球最大，卻只有兩百一十二個嗅覺基因。很有可能3D掃描顯示出這種鳥的嗅球並不如邦貝琪和寇柏測量的那麼大，也有可能日行性的雪鸌僅對有限幾種氣味非常敏感，因此需要的基因比較少[39]。

一八一三年，珍．奧斯汀的《傲慢與偏見》出版，拿破崙戰爭仍未結束，還有一件大事就是歐洲人發現了鷸鴕。駕駛囚犯船的巴克萊船長給大英博物館的動物學家喬治蕭一片不完整的外皮，現在已經知道是南島褐鷸鴕。巴克萊應該也是從別人手上拿來的，因為他從沒去過紐西蘭。一八一三年，喬治蕭敘述繪製了這隻值得注意的鳥，取名為 *Apteryx australis*（無翅的南島鳥）。也在同年，喬治蕭去世了，樣本到了德比伯爵十三世史坦利爵士手上，他在諾斯利公園蒐集了無數的自然史標本，最後都納入附近利物浦博物館的收藏，那塊皮也一直留在那裡[40]。

雖然外表奇特，又不完整，喬治蕭卻很敏銳地觀察到鷸鴕可能是鴕鳥和鴯鶓（平胸鳥類）的遠親。其他人就想錯了，以為是一種企鵝，或一種度度鳥[41]。

後來的十多年，除了喬治蕭的標本，再沒有其他鷸鴕標本出現，有些人開始懷疑鷸鴕到底存不存在。一八二五年，杜維爾提供了新的資訊。他剛從紐西蘭返回，敘述他碰到了一名毛利酋長，身著用鷸鴕羽毛製成的披風。在眾人求知若渴的呼籲下，一些移居到紐西蘭的人提筆動手，寫下最早的鷸鴕行為敘述，有些人則送來真實的標本。史坦利爵士也扮演了重要的角色，把標本送給大英博物館的歐文，行事一絲不苟的歐文則做了詳細的解剖。歐文注意到鷸鴕的鼻孔很獨特，在喙尖上，從腦部結構來看，嗅覺應該很重要：「在頭蓋骨內部可以看到嗅覺凹洞的比例比其他鳥都大」，其他鳥類專門用來放眼睛的凹處也有，但幾乎都被鼻子占據了。結束後，歐文的結論頗有先見之明：「在鷸鴕的生活型態中，嗅覺相對來說一定非常敏銳也非常重要。[42]」

在原生的紐西蘭野外，和被帶到英國後交由人工飼養，觀察鷸鴕的結果都透露出牠們覓食時會到處聞聞嗅嗅，通常在樹叢裡，把長長的喙插入地面，尋找無脊椎獵物，主要是蚯蚓。在一八六〇年代，萊西里教士繪製了一系列漂亮的水彩畫，精確地闡明鷸鴕覓食的方法[43]。

鷸鴕在逃離窺探的人類時，經常會笨拙地撞到東西，證實牠們的視力很差，但在找食物的時候可以聽見鼻子發出的聲音，則是很有力的證據，表示牠們用嗅覺尋找獵物。然後到了二十世紀初，在但尼丁任職於奧塔哥大學博物館的班森從歐文的出版品中得知鷸鴕有這麼大的嗅葉，決定要試試看鷸鴕的嗅覺有多好。因此他找雷索盧中島（紐西蘭南島西南方外海的鳥類保護區）的管理員亨利幫忙，找隻（馴服的）鷸鴕做些簡單的實驗，實驗用鷸鴕的毛利名取名為*roa-roa*，意思是「長」，應該就指鷸鴕長長的喙。

按著班森的指示，亨利把水桶放在鷸鴕前面，裡面放了一層土，土下可能有蚯蚓，也可能沒有。鳥兒輕而易舉就找出食物在哪裡：「放下沒有蚯蚓的水桶時，鳥兒連試也不試；但一放下裝了蚯蚓的水桶，鳥兒就很有興趣，開始用長長的喙探索食物。」班森不能親做實驗，他的藉口是雷索盧中島交通不便，「不確定能否在合理的時間內回到本島，因此我必須放棄前往的念頭」。他承認還有很多實驗要做，覺得他的結果提供了「一定的證據，證實鷸鴕具備十分敏銳的嗅覺」[44]。

一九五〇年，溫佐到加州大學洛杉磯分校的醫學院任教。她之前在哥倫比亞大學取得博士學位，研究人類嗅覺的敏銳度，但她到加州大學前已經改為研究大腦和行為。雖然改變了研究方向，一九六二年，同事仍邀請她去日本的嗅覺會議演講。她拒絕了，澄清她已經停止研究嗅覺。同事鍥而不捨，告訴她，她會「想到題目」，依然把她加入講者名單。溫佐開始思索該怎麼辦，決定去看看她養在實驗室裡的鴿子對味道有什麼反應。她用生理學家常用的方法，檢查鴿子在受到不同的刺激時，心跳是否會改變。在溫佐的測驗中，她讓鳥兒接觸到一道純粹的氣流，間或夾雜了氣味，並測量心跳和呼吸速率。在第一次測驗中，溫佐很訝異，氣味出現時，鴿子的心跳猛增。證據確鑿，鴿子能聞到味道。她馬上又做了不少研究，在日本的會議上，首次呈現鳥類嗅覺的研究結果[45]。

一九六〇年代，美國只有幾位女性生理學教授，溫佐便是其中之一，她善於結合解剖學、生理學和行為的工具和想法，更深入了解嗅覺。她研究的鳥類範圍廣泛，包括金絲雀、鶺鴒和企鵝，發現每種鳥都能偵測到氣味，嗅葉再小都能聞到。不過在有反應的鳥種中，嗅葉大的心跳也增加比較多。雖然這些結果非常明顯，我們仍不知道（除了鷸鴕外的）鳥兒在日常生活中是否會用到嗅覺資訊。

心率實驗非常成功，因此溫佐決定拿鷸鴕來做同樣的測驗。在之前的研究中，只需要把鳥兒的翅膀綁住，牠們就會安靜坐著做實驗。鷸鴕可不行。牠們力氣很大，她也很快就發現，成年的鷸鴕幾乎沒有翅膀可以綁住，雙腿又非常強壯，「不論怎麼綁牠們都能掙脫」。因此，溫佐用一隻習慣被人類操弄的年輕鷸鴕來記錄結果。為了確認結果，她也從一隻侵略性比較強的成鳥身上取得幾項數字[46]。

結果很奇怪，跟溫佐之前評估的其他鳥兒都相反，氣味不會讓年輕鷸鴕的心率出現變化，就連聞到最愛吃的蚯蚓時結果也一樣。相反地，呼吸速率和警覺度的改變才明顯透露出鳥兒能偵測到氣味。因此，溫佐又做了一些行為實驗，看看鷸鴕能否光用嗅覺來找到食物（這次用了五隻鳥）。

她設計的實驗很像五十年前班森和亨利用的方法，把鳥兒帶到埋入地面的金屬管前。有些管子放了鳥兒常吃的肉條，但蓋了一層溼土，而其他的管子只有溼土。所有的管子都蓋了一層薄薄的尼龍網布，鳥兒得用嘴巴刺穿網布，才能探到泥土。這很重要，因為鳥兒只在夜間覓食，很難看到牠們探測了哪些管子，或根本看不到。從金屬管的外觀，看不出裡面是否有食物，因為肉不會動，也不會發出聲音；所有蓋了網布的金屬管都一模一樣，不能用眼睛判斷裡面有什麼。蓋上的網布也不提供味覺線索，如果被鳥嘴刺穿，也很容易看到證明。

跟之前的研究正好一樣，鷸鴕只對含有食物的管子有興趣。此外，牠們只會直接去探索食物，表示牠們能偵測到氣味中極度細微的變化。

從其他圈養鷸鴕的行為看來，溫佐認為牠們非常仰賴嗅覺。有天晚上她在鳥舍裡，一隻鷸鴕提早醒來，朝著她走去。她說：「天色很黑，鳥兒在我旁邊很近的地方停住，很有條理地用喙尖在我腿上上下移動，沒有真碰到我的腿……這種行為非常符合牠們對嗅覺的仰賴，而不是視覺。[47]」

看過非圈養鷸鴕的人幾乎都會議論牠們鼻子發出的聲音，但一般認為牠們在清鼻孔，而不是聞東西。鷸鴕的鼻腺在興奮的時候（找到食物）會分泌黏液，而且因為外部的鼻孔只是兩條細縫，在覓食時很容易被土堵住。

在研究中，溫佐注意到輕碰圈養鷸鴕的喙尖，會引發牠積極尋覓的動作，表示觸覺也是自然覓食行為中重要的一環。她做出了結論，說：「或許觸覺和嗅覺之間有種密切的互動，如果也涉及視覺，或許也有一點點。[48]」

在北半球，跟鷸鴕很像的則是山鷸。除了眼睛很大（為了在晨昏出沒和飛行時需要很好的視力，還有在夜間的遷徙），行為和鷸鴕十分相近。兩種鳥的生活型態很類似，會在土壤表層下尋找蠕蟲。早在一六〇〇年，阿爾卓凡蒂就在他的鳥類百科全書中告訴我們，山鷸靠味道找到食物。這似乎已經有確證，因為他引述一首內米亞努斯關於捕鳥的詩，寫於西元二八〇年，詩中提到鳥兒的大鼻孔和能聞到蟲子的能力。後來也有幾位作家提到山鷸的嗅覺，但很奇怪，也跟其他鳥類學的許多發現相反，他們並未引述或抄襲之前的作者，表示山鷸的嗅覺在不同時期由不同的人獨立發現。比方說布豐伯爵就引述了鮑渥斯，後者在他一七七五年的著作《西班牙自然史和自然地理簡介》中描述他看到皇家鳥園的山鷸在溼土裡探尋蠕蟲：「我沒看到牠錯失目標：因為這個緣故，也因為牠從不把喙插到會讓土靠近鼻孔的深度，我認為牠用嗅覺來引導覓食。」然後，布豐伯爵又引述了同事艾伯荷的話，他是一名獵人，也是博物學家，補充說道：「但大自然在牠的喙尖給了牠另一個器官，適合牠的生活方式；喙尖不是角質，而是肉質，似乎能敏銳察覺到碰觸，適於在汙泥中尋找獵物。[49]」

十八世紀末的英國鳥類學家蒙塔古解剖過不少山鷸，也觀察過鳥舍中的活山鷸，他寫道：

因此，當大多數其他陸鳥都進入睡眠，讓耗竭的大自然得以恢復，這些（山鷸）則在黑暗中漫步；由靈敏的嗅覺引導，前往最有可能產生自然食糧的地點；靠著長長嘴喙上更靈敏的觸覺來採集食物……喙中的神經……為數眾多，觸碰時的辨別能力也很敏銳[50]。

一個世紀後，寫到鳥類的感覺，葛尼則說：

負責研究的人要小心，不要混淆了嗅覺和觸覺的器官，有些鳥就靠這種器官來覓食，例如山鷸。因此，做實驗的人要面對這件很複雜的工作，規劃出專門測試鳥類嗅覺的實驗，同時排除視覺、聽覺和觸覺[51]。

我去看了一下資料，沒想到居然看到邦貝琪和寇柏[52]給山鷸的嗅球指數只有十五，居於中段，而不是靠近最上面。我不知道這是否代表牠的嗅球形狀很奇怪，像鷸鴕的3D掃描讓我們看到的，還有指數可能錯了：看到山鷸異常的頭顱形狀，也很有可能。當然，我們也可以做一些行為研究，看看山鷸如何利用嗅覺，並跟鷸鴕互相比較。

溫佐和邦貝琪讓鳥類嗅覺成為一門學科，除了透過獨立的研究，也透過她們一九七〇年代合著的書籍，現在已經是鳥類嗅覺最可靠的解釋[53]。二〇〇三年，九十一歲的邦貝琪在伍茲霍爾過世，而現年八十多歲的溫佐則是加州大學洛杉磯分校的終身名譽教授。二〇〇九年，另外兩位研究鳥類嗅覺的女性先驅奈維特和哈潔林為兩位前輩舉辦了專屬的座談會。溫佐告訴我，這件事讓她感動到無以復加，也評論說現在的論點跟早期得到的研究評論很不一樣，之前很多人質疑她為什麼要花時間去研究鳥類的嗅覺[54]。

鳥類嗅覺究竟有什麼特別，為什麼會變成由女性主導呢？除了靈長類行為外，其他的研究領域只有少數幾個由女性學者占了優勢。我跟幾名同事聊過，他們告訴我，邦貝琪和溫佐是良師，很懂得鼓勵別人，也比大多數男性學者更慷慨地分享忠告，這些特質對下一代的女性動物學家來說或許特別有吸引力。

一九八〇年，我跟同事愛略特和歐丹斯前往加拿大一群偏遠且鮮為人知的小島，叫作鰹鳥群島，離拉布拉多海岸約有三十多公里。我們想要去數數看那裡的海鳥。這件工作可不簡單，因為當地有數萬隻海鸚和海鴉，刀嘴海雀的數目略少，還有少許暴風鸌和三趾鷗（但沒有鰹鳥，島名會造成誤解，也沒有人知道當初為什麼會取這個名字）。第一天晚上，我們才在帳篷裡睡下，愛略特就突然坐起來大喊：「白腰叉尾海燕！」

我醒來細聽，果然，在外面一片漆黑中，我聽到附近傳來白腰叉尾海燕特有的溫柔嗚嗚聲。這種夜行性的小鳥第一次出現在這些島上，也是北美洲紀錄中最北的地方，所以愛略特才會這麼興奮。第二天早上，我們在帳篷外尋尋覓覓，在泥煤似的土壤中找到了藏身的鳥巢，直徑只有五公分。愛略特第一個反應就是跪下去，把鼻子伸到洞裡用力聞。「太棒了！」他說：「就是白腰叉尾海燕。」因為，跟鸌科的其他成員一樣（包括信天翁和鸌），白腰叉尾海燕有種特殊的麝香味。

繼續尋覓，我們找到了其他幾個巢穴，很幸運，還在其中一個找到了乾縮的白腰叉尾海燕屍體，表示牠們真的出現在這個島上。我帶走了鳥屍，這個做法看似可怖，但非常符合科學的精神：鳥屍已經全乾了，看起來一點也不討人厭。幾年後，回到我在雪菲爾的辦公室，我只要聞聞鳥屍，就能立刻回到充滿魔力的鰹鳥群島，這種鳥的氣味好濃，馬上就能引起回憶。

邦貝琪和寇柏在比較研究中並未納入白腰叉尾海燕，但他們檢查了其他十種鸌，除了一種之外，其他都有巨大的嗅球。的確，從商業捕鯨開始後，水手就注意到信天翁和鸌對鯨魚內臟的氣味有多敏感，令人無法置信。在一九四〇年代，加州大學洛杉磯分校的生物學教授米勒在北美洲西岸外海，用個別標記的黑腳信天翁做了一些很簡單的實驗，但非常有說服力，他叫牠們「呆頭鵝」[55]。把培根油脂倒在海面上，不到一小時，就凝聚了一群鳥兒，估計是從三十二公里外飛來的。然而拿氣味一樣強烈的漆渣當作「對照」，卻吸引不了鳥兒。現在，研究稀有海鳥的人常用「撒餌」來吸引海鳥，等於播放鳥鳴聲來吸引陸鳥。效果非常明顯，我在紐西蘭南島東岸的凱庫拉看過：十五種不同的鸌和信天翁圍在我身旁只有幾公尺的地方，絕對是一次很棒的賞鳥經驗[56]。

科學家把信天翁、海燕和鸌叫作管鼻類海鳥。雖然管鼻顯然和偵測氣味有關係，但管狀鼻孔有什麼功能依然是個謎。從小至只有五十克的歐洲海燕到重達八公斤的漂泊信天翁，不同的鳥兒以磷蝦和烏賊為食，有時候也吃鯨魚內臟。靠著氣味找到開始腐敗的鯨魚殘骸或許沒那麼難，因為我的經驗是，鯨魚脂肪腐敗的氣味可以在人類的鼻孔裡留好幾個小時或甚至好幾天，所以就算是我們都不難迎風找到這場饗宴。但磷蝦和烏賊呢？牠們的氣味強到能讓管鼻海鳥在看起來到處都一樣的無際海洋中找到牠們嗎？那又是另一回事了。

剛才提過的奈維特和加州大學戴維斯分校的一位生物學家，開始研究鮭魚在海裡待了好幾年後怎麼找到牠們孵化的河流。牠們可能用氣味找路的想法一度聽起來十分荒謬，但一九五〇年代的研究證實了這個想法[57]。一樣讓人覺得難以置信的則是飛越了廣大海洋的信天翁能在沒有特色的海裡找回繁殖的聚落，而且只是微小的岩石。毫無疑問，牠們做到了，但到了一九九〇年代，我們才領悟到牠們在繁殖季節覓食時會飛離聚落多遠。法國研究人員朱范唐和維莫斯克奇帶頭做了非常棒的研究，透過當時尚新的衛星追蹤技術，結果顯示漂泊信天翁覓食的時候會飛越好幾千公里，仍能準確無誤地回到繁殖的島嶼[58]。奈維特很有興趣，想知道信天翁如何能有效率地找到食物，和找到返回聚落的路。

很有可能就是靠著嗅覺，主要是因為捕鯨人、漁夫和觀鳥人常常提到相關的故事。此外，威斯康辛大學博士候選人格勞博（後來到俄亥俄州立大學任教）在一九七〇年代做了一些研究，結果顯示，我們在拉布拉多發現的白腰叉尾海燕一定會迎風返回牠們位於芬迪灣內島嶼上的繁殖地。更有意義的是格勞博和邦貝琪合作，證實切掉了嗅覺神經（會導致鳥兒失去嗅覺）的海燕無法找到自己的聚落，而未接受手術的鳥兒就可以，甚至能遠從歐洲找到回家的路[59]。

顯然，白腰叉尾海燕一定要仰賴嗅覺來找回築巢的聚落。但這只是其中一個因素。奈維特想知道嗅覺對覓食來說重不重要。一開始時，她重複了米勒等人做過的實驗，把臭烘烘的浮油倒在海面上，看鳥兒多快會聞臭而來，再比較其他沒那麼臭的物質要花多少時間吸引鳥兒。一九八〇年，溫佐帶的研究生哈欽森證實，把磨碎的磷蝦倒入海裡，會引來灰鸌，表示磷蝦中的某種東西能招來鳥兒。奈維特不久後發現，在浪高多半十二公尺的海洋裡做實驗真的不容易。她用摻了生磷蝦萃取物的植物油，並用純植物油當作對照。研究證實了氣味很快就會把鸌和信天翁等鳥兒吸引過來，但並未解答磷蝦是否會發出特殊的氣味讓鳥兒找到食物的位置[60]。

然後到了一九九二年，在很特殊的情況下，奈維特碰到了大氣科學家貝慈。根據她自己的話：

我搭船往南巡航至象島（南極洲一帶）附近，我們碰上了很糟糕的天氣……在暴風雨中，我被摔進工具箱裡，左腎受傷。我那時當然不知道自己受傷了，但實在疼痛難忍，我無法離開位於船隻內部深處的艙房。我們要一星期才能到（智利的）蓬塔阿雷納斯，我發誓，那個星期真是度日如年。無論如何，靠岸後我無法自由行動。新來的首席科學家就是貝慈，他很好心，讓我留在船上等人把我運回家。在這段期間，他的團隊在船上裝設配備，準備出航進行二甲基硫的大氣研究[61]。

二甲基硫這種物質源自生物，浮游植物被磷蝦等浮游動物吃掉後，就會釋放出二甲基硫。二甲基硫會溶於海水，然後釋放到大氣中，數小時後才會消失，有時候可長達好幾天。

奈維特接著說：

當我看到了他們的一些穿越線資料，聞到二甲基硫的味道，吃了一些止痛藥，世界就變了樣。他給我看的資料圖像很像山脈或地形圖。二甲基硫只是一種很容易控制的化合物，但突然之間便覺得，大規模的問題不該用「追蹤短暫的羽狀煙雲來找到獵物聚集的區域」這種模式。相反地，海洋蓋了一層氣味的景觀，有一部分要取決於深海的特徵、大陸棚邊緣、海底山等等，我的想法因此完全改變了。回想到那個時候，如果沒碰到如此悽慘的意外，我也不會認識貝慈，現在可能還在灑魚內臟當餌，看不到更寬廣的架構[62]。

隨之而來的是一連串的實驗，其中有一項則證實了，即使在繁殖的聚落（而不是在海上），白腰叉尾海燕都會被二甲基硫的味道吸引。對南極鋸鸌（另一種鸌）做的研究指出，把混了人造二甲基硫的浮油倒在海上，就能把牠們引來。一項實驗重做了溫佐早期的研究，在實驗中測量鳥兒的心跳速率是否因特定的氣味而變化，結果特別具有啟發意味。實驗在南印度洋凱爾蓋朗群島中的綠島上進行，南極鋸鸌被悄悄地從繁殖的巢穴裡移出來，送到附近的臨時實驗室裡。皮膚上小心地貼了（臨時的）電極，奈維特跟同事邦拿多納用加了二甲基硫的空氣吹過鳥兒的鼻孔，對照組則不含二甲基硫，便可以在心電圖上測量鳥兒的心跳。這項研究的重點是，在短暫的實驗中，鳥兒體驗到的二甲基硫濃度跟牠們在海上聞到的差不多。聞到純空氣時，鳥兒的心跳都沒有變化，但聞到二甲基硫時，所有十隻鳥的心跳都明顯加速，因此提供的證據可說是到目前為止最具說服力的，自然產生的氣味可以引導南極鋸鸌之類的鳥飛過海洋[63]。

奈維特也納悶，二甲基硫之類的物質是否能提供海鳥一種嗅覺景觀，或許更好的說法是嗅覺海景，就重疊在海洋的表面上。浪潮前端和湧升流等浮游植物聚集的地方，會吸引磷蝦等掠食的浮游生物。磷蝦吃掉了浮游植物，二甲基硫就釋放到空氣中，從源頭順著風向產生一縷氣味。風和浪的動作讓氣味散開，愈來愈不凝聚，離源頭遠了，當然也愈來愈弱。如果鳥兒用空中氣味的資訊來尋找獵物，也就是氣味的源頭，會怎麼做呢？答案便是側風飛行，儘量提高找到氣味的機會，一旦偵測到氣味，便迎風順著之字形飛行，從這一側晃到那一側，繼續追蹤氣味，直到找到獵物。

奈維特的預測完全符合前人觀察海燕覓食行為的結果，太驚人了。一八八二年，柯林斯船長看到新英格蘭的漁夫抓海燕當餌的過程，他寫道：

> 好多次在濃霧密布的時候，幾個小時都看不到一隻鳥，我丟了幾片肝當作實驗，確認能不能把鳥吸引到船的這一邊來。肝的顆粒隨水漂走，慢慢流向雙桅縱帆船的尾部，過不了多久，就有歐洲海燕或大鸌來了……可以看到牠們從濃霧中背風（逆風）而來，往後飛，又往前飛過船的尾波，似乎要逐步找出氣味的來源，直到找到水面上的肝臟[64]。

奈維特為了測試她的想法，跟同事把最出色的新科技用在全世界最大的海鳥上，也就是漂泊信天翁。這種鳥跟其他管鼻海鳥一樣，嗅球特別大，會搜尋數千平方公里的海面，尋覓烏賊和腐屍。我們也知道牠們喜歡魚腥味，因此特別適合用來研究氣味偵測。在南印度洋波捷遜島上餵養雛鳥的十九隻漂泊信天翁都裝上了全球定位系統偵測器，讓研究人員可以精確追蹤鳥兒在海上捕獲獵物前會飛過的途徑。鳥兒的肚子上也裝了溫度記錄器，會偵測鳥兒什麼時候吃了東西。如果信天翁靠視覺找食物，可以預期牠們會直線朝著獵物飛去，但如果用氣味，就應該飛成之字形。事實上，覓食的時候大約有一半時間會飛成之字形，表示這些信天翁多半用氣味找獵物。研究的結果非常值得注意，提供了更令人信服的證據，嗅覺在信天翁覓食時扮演十分重要的角色，但就跟其他鳥類一樣，嗅覺也會搭配其他感覺，在信天翁的例子裡則是視覺[65]。

嗅覺海景的想法相對來說還很新，而嗅覺陸景的想法早就出現了。在一九七〇年代，奈維特還沒投入這一行以前，帕匹帶領的義大利學者認為鴿子的導航能力也會利用到嗅覺。和奈維特的嗅覺海景相反，要說鴿子用嗅覺線索找到回家的路，其實一直得不到證實。有個難處在於科學家無法切開嗅覺和感受到地球磁場的能力。讓鴿子問題變得更難處理的則是連接到傳說中上喙磁性感受器的神經（三叉神經的眼部分支）[66]。要切斷嗅覺神經，很難不切斷這條神經，之前的實驗大多把兩者都切斷，導致兩種感覺都「沒有知覺」。然而，義大利比薩大學的加利亞多最近做的實驗就解決了這個問題，結論是鴿子在發展飛航地圖時確實需要嗅覺。

再回到多斯桑托斯的嚮蜜鴷來結束本章吧。糾正了奧杜邦關於紅頭美洲鷲嗅覺的錯誤結論的史塔格，於一九六〇年代做了簡單的嚮蜜鴷實驗。在肯亞常見嚮蜜鴷的區域進行野外調查時，史塔格把純蜂蠟蠟燭放在樹枝上。還沒點燃的時候（他沒說放了多久），蠟燭並不會引來嚮蜜鴷，但點了不到十五分鐘，有隻小嚮蜜鴷出現了，過了三十五分鐘，蠟燭旁的嚮蜜鴷起碼有六隻，小口咬著融掉的軟蠟。史塔格更進一步，收集了「三種（嚮蜜鴷）的頭蓋骨」。後續的解剖證實，三種都有非常大的鼻甲骨，他說，這更加證實了「嗅覺在嚮蜜鴷的行為中扮演很重要的角色」這樣的看法[67]。

第六章　磁覺

會有人從假設的角度援引的機能，但是否存在仍屬未知。

——湯森針對「磁覺」的辭條，一九六四年，出自《新編鳥類大辭典》，湯瑪斯尼爾森出版社

遷徙中的斑尾鷸。由磁覺引導，從阿拉斯加一口氣飛到紐西蘭，中間不停留，耗時八天，全長一萬一千公里。

我在斯科默島，小心翼翼地爬下陡峭的岩壁，朝著一群崖海鴉移動，牠們毫無提防。大多數的崖海鴉每窩只有一隻幼雛，我總覺得牠們心裡都在想下一餐會從哪裡來。往下看到遠處的海岸，海浪撲打在黑色的玄武岩上，再往東看，在清澈的藍天下，可以看到朦朧的海岸線，那是荒涼的彭布魯克郡。到了一群崖海鴉旁，我才停下腳步，把改良過的釣竿慢慢往前伸。坐穩了之後，我輕手輕腳地勾住了一隻成年崖海鴉的腿。把鳥兒拉過來的時候，牠過了一會兒才發覺有什麼不見了。太遲啦！牠還沒明白發生了什麼事，我就把牠牢牢抓住了。這種外露的愚笨、馴服、警覺心不夠強，讓這種鳥有了「笨海鴉」的稱號。研究這種有點天真的鳥，真是我的運氣，一隻接一隻，我一小時共抓了十八隻。每抓到一隻，我們就幫牠戴上金屬環，在另一隻腳上則扣上特製的塑膠環，裡面有很微小的定位裝置，能每十分鐘記錄一次日光量，電池可以用兩三年。日光量會隨經緯度變化，讓我們可以確認鳥兒去過哪裡。裝置固定後，我們把鳥兒放回空中：牠們朝著海洋猛衝，畫出一道長弧，幾分鐘後慌忙地拍著翅膀回到岩架上跟幼雛團聚。

從一九七〇年代開始，我就在這座島上研究崖海鴉，而在撰寫本書的時候已經是二〇〇九年了。我跟基爾福以及他在牛津的學生一起做研究，另外還有我在雪菲爾大學的老同事海屈威爾，他的博士論文也以斯科默島的崖海鴉為主題。

過了十二個月，我又綁上安全繩，往那一小群崖海鴉移動。這次不一樣了：一朝被蛇咬，十年怕草繩。崖海鴉知道我們想幹麼，雖然情感上和幼雛緊緊相繫，卻死命不讓我勾走。現在倒是我看起來很笨了，因為我跟同事急欲收回定位裝置，才能知道過去一年來牠們去了哪裡。斯科默島的崖海鴉去哪裡過冬，大家毫無線索，只有戴腳環的鳥兒死在別處時傳來的零星資訊——繼而產生的推論非常粗糙，可能也充滿偏見。

坐在海拔七十公尺的地方，我往前傾，伸長了我的海鴉勾，手臂伸到了極限，鳥兒繼續往外擠，左蹦右跳，一定要避開勾子。過了三十分鐘，我放棄了，沿著繩子攀回滿心期待的同事身旁，在這裡鳥兒看不見我們。一隻也沒抓到，他們很失望，我也很失望，海屈威爾自告奮勇，換他試試看。

他的身影消失在岩壁後，我們只能看到他安全帽的帽頂，偶爾看得到釣竿，他很有耐心地朝著鳥兒慢慢前進。當鳥兒在這種高度警戒的狀態下，只希望會發生一些轉移注意力的事件，比方說打架，或有鳥帶著魚從海上飛回來。正好，有鳥打架了（我聽到了挑釁的叫聲），我看到海屈威爾很果斷地移動釣竿。突然他攀上了安全繩，笑得牙齒都露了出來，遞給我一隻崖海鴉，腳上戴著一看就知道是我們放的定位裝置。

我們帶著鳥兒又上爬了七十公尺，爬到懸崖的頂端，基爾福的學生在那裡等我們。仍在鳥兒腿上的定位裝置插入了筆記型電腦，資料也下載了。不一定能遂了我們的願：有時候裝置會壞掉。不過這個沒事。被抓來才幾分鐘，如同施了魔法，鳥兒過去三百七十天的行蹤出現在電腦上。我們趴在草地上，圍著電腦，擋住照在螢幕上的陽光。世界地圖出現了，根據每十分鐘的資訊定位，一整年的路線都顯示在螢幕上。

我們看到了這樣的結果：去年七月末，前一個繁殖季節結束後不久，牠就往南飛到比斯開灣，逗留幾周後再往北飛一千五百公里到蘇格蘭西北部，幾乎一整個冬天都待在那裡。然後，在這一個繁殖季節開始前的幾個星期又回到比斯開灣，再回到斯科默島的同一個岩架上。

滿足感油然而生，一年份的資料，無與倫比，一下子就出現在電腦螢幕上。有種看到奇蹟的感覺，的確，新的追蹤技術，如定位裝置、衛星追蹤器等等，讓鳥類活動、遷徙和導航的研究出現了革命性的變化。

我們又從另外幾隻崖海鴉身上取回定位裝置，顯示的模式都差不多，很令人安慰，也讓我們能看見動態的寫照，這些鳥離開聚落後在冬天的幾個月裡飛越了這麼長的距離。

這都是全新的崖海鴉資訊。從前我們會根據腳環回收來推論鳥類的活動，但收集到的幾項資訊改變了我們的看法。海屈威爾和我很高興；多年來我們一直猜不到過了繁殖季節後我們的崖海鴉去哪裡了。不過，最近有人完成了其他鳥種的研究，相較之下我們的還算成功。定位裝置近來也有人用在紅背伯勞和夜歌鴝等小鳥身上，追蹤牠們來回歐洲北部和非洲的遷徙活動。然而，就距離來說，最引人注目的結果則來自鸌、信天翁和北極燕鷗，牠們都會橫越海洋，最令人讚嘆的則是斑尾鷸連續八天從紐西蘭不落地飛到阿拉斯加，行程一萬一千公里[1]。

我們坐在斯科默島懸崖頂上，沐浴在陽光下，眼前的電腦螢幕喚起了一個很重要的問題。在海洋上除了海平線別無他物，崖海鴉怎麼知道要往哪個方向飛才能找到繁殖聚落，又怎麼找到比斯開灣覓食的地方，然後再飛去蘇格蘭北部呢？穿過整個太平洋的斑尾鷸怎麼知道要去哪裡？過去一千年來，鳥兒找路的方法，除了遷徙還有日常生活，一直都是眾人不解的問題。

一九三〇年代的拉克和洛克里也問過這個問題。拉克那時候住在德文郡的達廷頓，是學校老師，利用閒暇時間研究歐亞鴝，後來寫了《歐亞鴝的生活》（一九四五）而聲名大噪，再來也成為史上最有名的鳥類學家。洛克里是業餘鳥類學家，一九二七年的時候，他二十六歲，和妻子朵莉絲到無人居住的斯考哥爾摩島上定居，這座島在斯科默島南方五公里處。接下來的幾年，洛克里研究了島上的海鳥，包括為數最多也最神祕的大西洋鸌。大約有十五萬對大西洋鸌在斯科默島和斯考哥爾摩島鄰近的島上繁殖，占全世界的百分之四十。這種鳥為了避開鷗等掠食者，晚上才出來活動，只有在三月到九月間會上岸繁殖，其餘的時間都在海上。洛克里研究大西洋鸌的繁殖生物學，開闢了新天地，因為在那時少有海鳥被這麼詳細的研究。

一九三六年六月，拉克帶了一群學生去斯考哥爾摩島，他們在洛克里粉刷成白色的小農舍旁扎營。一天傍晚，暮色已降，拉克和洛克里開始討論鳥兒如何找到方向，推測要是拉克把一隻大西洋鸌帶回德文郡去會發生什麼事：牠會多快回到斯考哥爾摩島？孩子們在旁邊聽，覺得這主意很棒，所以當拉克和學童在六月十七日離開斯考哥爾摩島的時候，他們帶了三隻大西洋鸌，每一隻都上了不同的環。不幸的是，兩隻在途中就死了，而被洛克里命名為卡洛萊的第三隻（對於上了腳環的鳥，他都很坦然地把牠們擬人化）則在六月十八日下午兩點，從德文郡南部的起點釋放，距離斯考哥爾摩島大約有三百六十公里。德文郡和斯考哥爾摩島之間的溝通只能靠郵政服務，可能要好幾天，因此洛克里不知道他很寶貝的兩隻鳥已經死了。洛克里以為鳥兒回來最快也要等到六月十九日，不過六月十八日晚上，他還是在午夜前看了看洞穴。他很驚訝，卡洛萊已經回來孵蛋了，距離釋放時間才過了九小時四十五分鐘。欣喜若狂的洛克里寫道：「很明顯……卡洛萊認得路。她沒時間找路。她認得出斯考哥爾摩島在哪個方向，就直接飛回來了。我們跟卡洛萊的成功非常激勵人心。需要繼續實驗。[2]」

為了證實大西洋鸌是否真有導航感，洛克里和拉克發覺，必須從鳥兒之前沒有可能去過的地方把牠們放走。因此，他們從不同的地點「放生」，地點也愈來愈有挑戰性，包括英國薩里的內陸地點、義大利威尼斯和美國波士頓。有些鳥兒非常迅速地回到斯考哥爾摩島，再度證實了牠們的導航感很強[3]。

洛克里頗具開創性的研究由馬修斯繼承後繼續發展，他是野禽信託協會的鳥類學家，信託協會位於英國格洛斯特郡的斯林布里奇，一九五〇年代初期，他把研究工作提升到更為科學化的層次。馬修斯從不同的地點放飛鳥兒，包括劍橋大學圖書館的塔頂，記下牠們離開的方向，並很小心地等前一隻鳥飛到看不見的地方後才放下一隻（免得牠們有可能互相影響）。離開圖書館塔頂的鳥兒大多往西飛，橫越英國後直接回到斯考哥爾摩島，「首度提供了明確的證據，證實野鳥果真具備導航能力」[4]。不知道當時是否有觀鳥人知道這項偉大的實驗正在進行，以為他碰巧看到大西洋鸌在離海這麼遠的地方振翅朝西飛。

洛克里除了率先開始大西洋鸌的導航研究，也第一個細查牠們的繁殖生物學，證實了孵卵需要五十一天；孵六天後則換伴侶孵；幼雛長得很慢，在洞穴裡起碼待十個星期後羽毛才完全長成。一九三九年，第二次世界大戰爆發前夕，洛克里離開了斯考哥爾摩島，但到了一九六〇年代早期，又有人對斯考哥爾摩島的大西洋鸌產生了興趣，就是到島上做博士論文研究的哈里斯。哈里斯開始幫很多幼雛戴上腳環，想更了解這種鳥的生物學，在一九六三到一九七六年間，總共上了八萬六千隻鳥的腳環，非常驚人；他當然有人幫忙，他們被暱稱為「鸌奴」。腳環回收後，讓人很幸運地得以一窺大西洋鸌在繁殖季節外去了哪裡。我們早就知道大西洋鸌偶爾會出現在南半球；偉大的海鳥生物學家墨非一九一二年曾在烏拉圭外海看到一隻，但眾人也假設他們看到的這些鳥是來自牠們最南端的繁殖地，也就是亞述爾群島。一九五二年，一隻戴腳環的鳥死在阿根廷的海岸上，初次證實斯考哥爾摩島的鳥兒有時候也會飛越萬里前往南美洲。但不要太早判斷，一隻燕子出現，並不表示夏天已到（這裡則是一隻鸌），無法證實大西洋鸌會經常進行長途移動。

一九八〇年代，大西洋鸌會定期飛到南美洲海岸過冬的現象終於得到確切的證據，布魯克和他之前的博士論文指導教授派林斯決定好好檢查過去二十年來的三千六百筆回收紀錄。用腳環回收來推斷海鳥的移動模式，有點像從警察局收到的遺失護照來推論英國遊客喜歡的度假地點——

再怎麼樣都很粗糙，而且容易受到各種偏見的影響。回收的地點暗示大西洋鸌會在秋天離開斯考哥爾摩島和英國其他地點的繁殖聚落，往南飛過比斯開灣，再飛過馬德拉、加納利群島和西非，然後在靠近赤道的地方改為飛向南美洲，最後到達巴西的外海。隔年春天的回程則先飛到南大西洋的中間，再回到英國，路線比往南飛的時候稍微更靠西邊一點[5]。

二〇〇六年八月，基爾福和同事把定位裝置裝在六對在斯科默島繁殖的大西洋鸌身上。因為大西洋鸌的巢位在洞穴裡，要抓回來比崖海鴉更容易。隔年春天，雌鳥下蛋後，他們又把十二隻鳥都抓起來。定位裝置的分析結果證實了過去五十年來根據回收的腳環所推論出的移動模式，但也提供了意想不到的資訊。第一，鳥兒過冬的地方比腳環回收所推斷的更偏南：在阿根廷外海，里約普拉塔的南方，這裡是洋流匯集之處，應該能提供豐富的魚種給鳥兒。第二，有時候腳環很快就回收了，像是在巴西海岸上找到的那隻，距上環只有十六天，因此之前大家認為大西洋鸌會直接飛到過冬的地方。定位裝置的資訊顯示，牠們並不常直接迅速飛往目的地：反而常常停下來，很像經由陸路遷徙的動物，需要補充能量。在某些情況下，大西洋鸌可能會在一個地點停留兩個星期[6]。

在這種新科技的協助下，我們心目中鳥兒能飛過的長程距離又延伸了，昇華到新的層次，但到目前為止，並未提供許多新的研究方向，幫我們更進一步了解鳥兒**如何**完成這麼長的旅程，以及怎麼找到方向。

說來可能違反多數人的認知，但透過研究圈養鳥類，才累積出目前我們對導航機制的了解。十八世紀初，有些人無意間觀察到夜歌鴝之類圈養的鳴禽在秋天和春天會激動亂跳，這兩個季節也是牠們遷徙的時候。兩百五十年後，到了一九六〇年代，這種所謂的遷移性焦躁終於派上用場，生物學家利用一種叫作恩倫漏斗的裝置來做實驗，此裝置非常巧妙，由恩倫發明[7]。

恩倫漏斗完全改革了鳥類遷徙的研究。這個裝置包含直徑最寬大約四十公分的吸墨紙漏斗，底部有印台，罩上圓頂金屬網——鳥兒可以看見天空。鳥兒跳躍的時候，腳上的印泥會在吸墨紙上留下痕跡，指出遷徙的方向和強度[8]。恩倫漏斗的好處在於成本低廉，研究人員可以快速測驗很多隻（小型）鳥。有時候只需要把候鳥放在漏斗裡大約一個小時，就能取得有意義的足跡。這個方法已經透過許多不同的方式得到實證，我們現在也了解到小型鳥有種遺傳編程，要牠們往特定的方向飛行特定的天數。雖然結果很清楚，但光這些資料仍不能告訴我們鳥兒如何導航。大西洋鸌在茫茫大西洋中如何找到回斯科默島的路，停駐在撒哈拉沙漠綠洲的夜歌鴝怎麼找到去年在薩里樹林中的領域，都無法用漏斗的結果來解釋。

鳥類尋路的研究已有悠久的歷史，也曾引起激烈的辯論。在十九世紀中期，關於鴿子等鳥類如何找到路回家有兩派說法。一派說鳥兒記得出去的路，但這個想法沒有證據。另一派則根據相當新的發現，地球像塊大磁鐵，而鳥兒則有第六感，能夠偵測到地球的磁場。小說家凡爾納很快地用上了這個點子，在《哈特拉斯船長歷險記》（一八六六年出版）中，主角「……受到磁力的影響……一直朝著北方前進」。一八五九年，俄羅斯動物學家馮米登朵夫提出鳥類（不是人類）會用磁覺導航，但十九世紀晚期大多數的鳥類學家都不以為意，包括英國的紐頓[9]。

一九三六年，另一位英國鳥類學家湯森寫道：「磁覺是否存在，目前尚無證據……此外，細查之下，這個概念更失去了吸引力，因為相關的現象似乎與目的不符。[10]」同樣地，一九四四年，葛萊芬在一則評論中說：「在動物身上，從未看到對磁場的敏銳度，地球的磁場十分微弱，要能敏銳察覺到這樣的磁場更不可能，因為已知的生命組織都未含有強磁性的物質（例如金屬鐵氧化物……），這種物質本身就能在地球的磁場中發出可觀的機械力。」他的評論除了這段以外，其他的見解都相當深刻[11]。

過了不久，在一九五〇年代早期，德國鳥類學家克拉瑪開始用新的方法思考這個問題，發覺導航需要兩個步驟。被放開的時候，鳥兒得知道當下的位置，也得知道「家」的方向。人類也用同樣的方法認路：先看看地圖（我在哪裡？），再用羅盤定位（家在哪個方向？）。這就是所謂的卡拉瑪「地圖和羅盤」模型。

羅盤可能有好幾個。我們最熟悉的就是磁羅盤，儀器上的磁針會對齊磁力線，也就是地球磁場的力線，指向北方。遷徙生物學家也找到了其他鳥兒用來導航的羅盤，包括日光羅盤（在白天遷徙的鳥專用）和恆星羅盤（夜間遷徙候鳥專用）。

一九五〇年代，梅克爾和他的學生威爾茲柯在德國研究歐亞鴝的遷徙行為，首度證明鳥兒可能有磁羅盤。要觀察遷徙的過程顯然不容易，尤其像歐亞鴝會在夜間遷移。然而，在遷徙開始前研究人員抓了歐亞鴝，把牠們放在特製的「定向籠」裡，也就是恩倫漏斗的前身，這樣就能看到牠們往哪個方向跳或拍翅膀，行為完美反映出遷徙的方向。梅克爾和威爾茲柯利用歐亞鴝能從裡面看到夜空的定向籠，發現鳥兒用恆星當作羅盤，在秋季遷移時從德國出發，持續朝著西南方前進。然而，觀察**一片漆黑**中的知更鳥時，他們發現知更鳥並不會如他們預期的摸不著方向，仍會繼續朝著習慣的西南方跳躍。其中的含意非常值得注意：鳥兒在找到準確的方向時不一定要靠著恆星。一定還有其他的因素。

為了測試磁羅盤是不是「其他的因素」，他們把歐亞鴝放入環繞電磁線圈的定向籠中，研究人員可以改變磁場的方向。然後比較了顛倒磁場或轉為東西向時歐亞鴝跳躍的方向。正如所願，歐亞鴝的表現正像牠們能偵測到磁場，並跟著改變跳躍的方向[12]。

後續對其他鳥種做的研究也出現了類似的結果，因此，即使之前大家都懷疑，但到了一九八〇年代，大家都同意鳥類確實有磁覺，並能用磁覺從地球的磁場讀出方向。也就是說，這些鳥兒**的確**具備了磁羅盤。

值得注意的是，鳥類也有磁**地圖**，可以辨別自己的位置——就像全球定位系統，不過不是用衛星信號，而是用地球的磁場[13]。這不是候鳥的專利：雞不是候鳥，但也有磁覺，哺乳類和蝴蝶也有，應該可以用來找路，只是距離不怎麼長[14]。

磁覺為何一度看似不可能存在？一個原因是鳥類沒有顯然能用來偵測磁場的特定器官。對於視覺和聽覺，眼睛和耳朵顯然便是分別用來直接偵測環境中的光線和聲音。磁覺則不同，因為磁覺能穿過身體組織，和光線和聲音不一樣。意思是，鳥兒（或其他生物）能透過全身個別細胞內的化學反應來偵測磁場。

動物（包括鳥在內）如何偵測磁場，目前有三種主要的理論。第一種稱為「電磁感應」，可能出現在魚身上，但鳥和其他動物似乎缺乏這種機制需要的高度敏銳感受器。第二種牽涉到叫作磁鐵礦（一種氧化鐵）的磁性礦物，一九七〇年代，科學家在某些細菌裡面找到這種物質，會讓細菌在磁場中排成一線。更進一步研究後，發現其他物種也有磁鐵礦的細微結晶，包括蜜蜂、魚和鳥。一九八〇年代，鴿子的眼周和上喙的鼻孔裡都找到了磁鐵礦的微小結晶。我們也會看到，如果結晶正是導航的要素，出現在這些位置就大有可為了[15]。第三種理論則說磁覺可能由化學反應傳達，相當耐人尋味。

在一九七〇年代，有人發現某些類型的化學反應可以用磁場改變，但那時沒有人想到這種過程或許能幫候鳥找路。更值得注意的則是這些特殊的化學反應似乎由光線引起，美國的一群研究人員因此推測，鳥兒或許能「看見」地球的磁場[16]。

這個想法不太像是真的，卻鼓勵了威爾茲柯和妻子蘿絲維塔著手調查。從其他人的研究，他們知道鴿子在自由飛翔時，如果用不透明的眼罩蓋住左眼，會比蓋住右眼更容易找到回家的路。而且要注意了，在多雲的天氣（看不見太陽的時候），這種右眼表現更佳的現象更加顯著。當然，這表示牠們不能用日光羅盤，但也指出或許牠們用的磁覺不知道跟右眼有什麼關聯。聽起來不太可能，但威爾茲柯夫婦也知道鳥的腦高度側化，鴿子的結果也符合左腦（我們在第一章看到，左腦從右眼接收視覺資訊）比較適合處理和返回原地以及導航有關的資訊。為了直接測試這個想法，威爾茲柯夫婦又去研究他們最愛的鳥，也就是歐亞鴝。

兩隻眼睛都蓋上後，歐亞鴝會朝著平日的遷移方向跳動。但將磁場實驗性地轉了一百八十度後（跟之前的實驗一樣），鳥兒跳躍的方向也轉了一百八十度。然後，歐亞鴝的一隻眼睛蓋上了不透明的眼罩。右眼暴露在光線下時（也就是蓋住了左眼），鳥兒的方向跟兩隻眼睛都能接收到光線的時候一樣。但蓋住右眼，只讓左眼接收光線時，歐亞鴝就找不到方向，這表示牠們偵測不到地球的磁場。結果太令人驚奇了，代表只有右眼能感覺到地球磁場。

右眼跟左腦如何發揮作用呢？只有右眼對光線比較敏感嗎？威爾茲柯夫婦為了找出答案，又做了一次測驗，把類似隱形眼鏡的東西戴在歐亞鴝的眼睛上。兩只「眼鏡」都會讓等量的光線進入眼睛，但一只經過磨砂，看起來模模糊糊，另一只則是清澈的材質。結果又令人吃驚了。右眼左腦的作用仍在，但知更鳥只能透過右眼上的磨砂眼鏡看世界時，就無法定向。右眼戴上清楚的眼鏡時，便能如以往一般精確定向。

所以，光線本身並不是最重要，重要的是影像的清晰度。如果知更鳥能看見景觀的輪廓和邊緣，就能提供恰當的信號來觸發磁覺。太特別了！正如我的同事說：「這些東西想編也編不出來。」

如果化學反應由視覺引發，那我剛才提過的磁鐵礦說法又該何去何從？其實彼此不牴觸，反而比較像兩種不同的過程在同一種動物體內和諧運作：眼中的化學機制提供**羅盤**，而喙中的磁鐵礦感受器提供**地圖**。羅盤可以偵測磁場的**方向**，地圖則偵測磁場的**強度**，結合了兩種類型的資訊後，鳥兒就能找到回家的路，能穿越看起來到處都一樣的海洋，或飛越一大片土地[17]。

一度大家以為鳥類不可能有磁覺，而現在對於鳥類的感覺還不斷有新發現，實在令人驚異。這一類的發現，才是科學日漸茁壯的因素。

第七章　情感

科學家在提到動物時，使用情感這個字眼似乎會感到不太自在，因為他們擔憂會不自覺地賦予動物人性，假設牠們也有人類一般的主觀體驗。

——保羅、哈丁和蒙德爾，二〇〇五，〈衡量動物的情感過程：認知取向的效用〉，《神經科學和行為評論》，第二十九期，第四六九至四九一頁

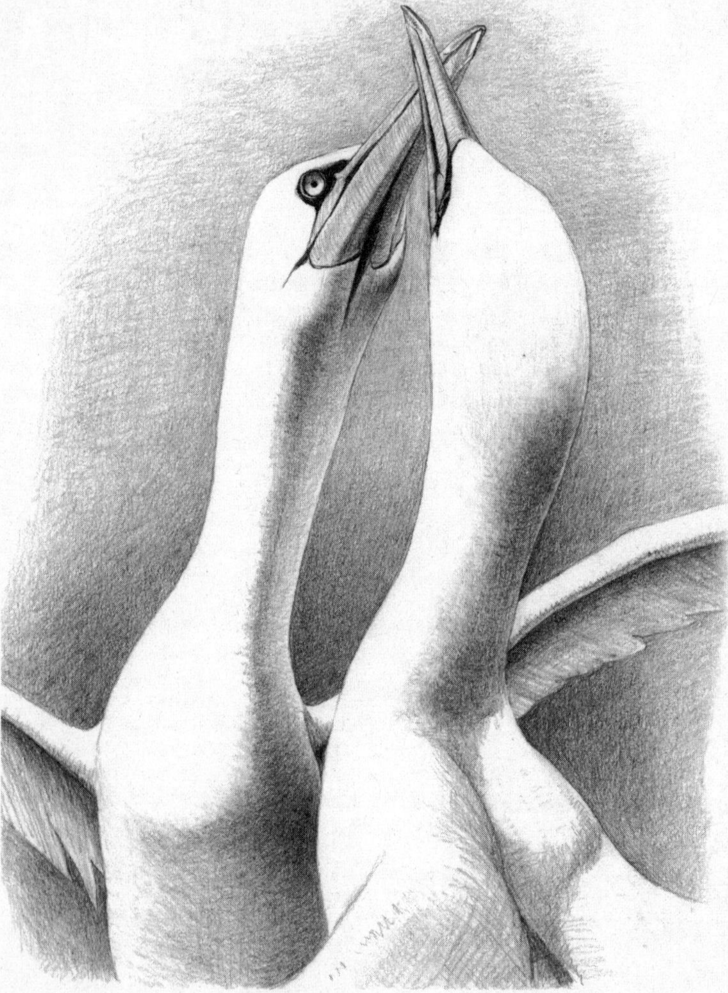

一對北方鰹鳥傳達對彼此的問候。伴侶重新聚頭時有什麼感受？

雷索盧特位於加拿大努納武特的康沃利斯島，是世界上最偏遠的聚落之一。要到加拿大的極地地區做研究的人幾乎都會先搭噴射機到此，然後再搭輕航機或直升機到最終的目的地。在飛機下降時，我看到跑道兩邊都有飛機起降失敗而留下的殘骸。初到極圈便看到這樣的景象，真令人緊張。但還有更糟的呢。我對極北之地的浪漫幻想純屬空無，淒涼泥濘的景色好讓我失望，還有空氣中瀰漫著航空燃油的味道，最糟糕的則是原住民因紐特人隨心所欲拿鳥兒當獵靶的行為。

我在六月中抵達，正好是春回大地的時刻，第一天我就注意到冰封的池塘邊有對黑雁：冰凍的背景襯出黑色的輪廓，等待雪融後有繁殖的機會。第二天我又開車經過池塘，看到有一隻雁被射殺了，很難過。無生命的形體旁站著牠的伴侶。又過了一個星期，我再度開車經過池塘，那兩隻雁，一死一活，仍在原處。那天我離開了雷索盧特，所以我不知道那隻鳥在死去的伴侶身邊守候了多久。

讓這兩隻雁生死相守的連結是否出自情感？或只是一種自主反應，讓跟雁一樣的鳥兒會隨時留在伴侶身旁？

達爾文堅信鳥類和哺乳類等動物都有情感。在《人與動物的情感表達》（一八七二）中，他辨別出六種普遍的情緒：恐懼、憤怒、厭惡、驚訝、悲傷和快樂，後來又加入了嫉妒、同情、內疚、驕傲等等情緒。達爾文實際上設想出了情感的連續體，從高興到不高興。他大多數的著作以人類為主題，尤其費了不少心思研究他親生子女的面部表情。達爾文也從家裡養的狗身上得到了非常深刻的見解，而養過狗的人都知道，牠們會明確表達出感受。

跟幾位前輩一樣，達爾文認為鳥類的發聲是表達情感的方式。鳥兒在不同情況下發出的聲音有種我們也會認同的特質，像是攻擊時比較尖銳，對著伴侶時比較柔和，被掠食者抓走了則非常悲傷，這些特質讓我們忍不住加以擬人化。從同樣的思路來說，因為我們喜歡聽鳥兒鳴唱，一直以來也假設鳥兒有同樣的感覺，會唱歌取悅自己或伴侶[1]。從某個層次來說，這完全是擬人化。另一方面，因為我們跟鳥類有共同的祖先和許多相同的感覺型態，很有可能我們也有相同的情緒性。

鳥類和下一代互動時，通常會情感高漲。親鳥會照顧幼雛，餵食理毛，清理糞便，抵抗掠食者。鴴和鷸鴣等在地面營巢的鳥會展現出擬傷行為，護雛表現得淋漓盡致。碰到狐狸或人類的時候，親鳥會拖著一邊翅膀在地上走，營造出受傷的假象，把掠食者從更無防衛力量的幼雛旁引走。以前科學家認為這種分散注意力的行為表達出父母的奉獻和智力，現在則視為一種本能，應該不含情感因素，一方面想留在幼雛身邊，一方面要逃離掠食者，兩者牴觸之下才引發這種行為[2]。

儘管如此，父母保護幼雛的方法，或小雞小鴨跟隨母親以及在危難時逃到母親身邊的模樣，通常會讓人覺得牠們因著親情而十分緊密。兩代之間絕對有連結，但是否出自情感就很難說了。幼雛孵化後，馬上會將母親的印象深留腦海，因此建立了連結。但當小雞在孵化器中出生，第一眼看到的**任何東西**都會留下銘印，就連靴子或足球等沒有生命的物品也有可能。碰到此類情況時，我們解讀的行為完全不一樣，也會問自己為什麼幼雛會這麼笨，怎麼會情繫靴子或球呢？這種顯然「很愚蠢的行為」卻有完全合乎邏輯的解釋。

根據自然選擇，對第一眼看到的東西留下深刻印記的小雞比較占優勢，因為牠們認為那就是母親，在正常的情況下，一點問題也沒有。用靴子或球來養雞，我們只是利用了很簡單的內在規則：跟著你第一眼看到的東西。大杜鵑的幼雛就用同樣的方法來巧取寄養父母的照顧，因為牠們遵守規則，會餵養在巢中乞食的任何東西。我們也可以問寄養父母為什麼會這麼笨，被初生的大杜鵑矇騙。

顯然，養育和其他行為都可以解釋成不含情感，但我們真能確定鳥類和其他動物不像人類一樣會體驗到情感嗎？

先撇開鳥類是否能體驗情感的問題不談，我來解釋一下背景。雖然達爾文開的頭似乎大有可為，但我們要從一九三〇年代開始講起，那時動物行為的研究才真正起飛。北美洲的研究人員採取講求實際的心理學手法來研究行為，主要研究圈養動物，訓練牠們敲打鑰匙來得到獎賞或避免懲罰。這些研究人員變成了所謂的「行為學家」，他們認為動物不光是自動機器。有點自相矛盾，因為行為學家的原理要仰賴動物能夠回應疼痛和領會獎賞。今日學習動物行為的學生大多數都很不屑行為學家的做法，太人工化了，但卻是透露了不少動物的認知能力。比方說，他們發現鴿子記憶和分類視覺影像的能力至少跟人類差不多。那時候大家會覺得很奇怪，因為鴿子在其他測驗中表現得很笨拙，但後來我們才發覺，跟之前提過的一樣，鴿子用視覺地圖來導航，因此也不足為怪。

歐洲人則採取比較自然的手法來研究行為，在自然環境中研究動物，創造出「動物行為學」的學科。一開始的重點在於**導致**行為的成因：什麼會觸發行為反應？那時有個很出名的例子，銀鷗的幼雛會啄親鳥喙上的紅點，刺激牠們反芻食物。本質上，動物行為學家研究溝通，研究動物對彼此說了什麼？什麼會刺激牠們展現出某些行為？

儘管動物行為學家的手法比較符合自然，他們也要客觀，竭力避開擬人化的陷阱，正如開創動物行為學的元老廷貝亨在《本能研究》（一九五一）的簡介中解釋道：

> 他們知道人類在某些行為階段常會體驗到強烈的情感，也注意到許多動物的行為通常很像我們的「情感」行為，便結論出動物體驗人類類似的情感。許多人更進一步，主張情感……在科學上的意義就是因果因子……在我們研究動物行為時，不應該採取這種方法。

他的看法延續到一九八〇年代，研究人員「……建議要研究行為，而不是想辦法查明潛在的情感」[3]。

然而，我們前面提過的傑出生物學家葛萊芬和其他人則很有信心，要挑戰這個看法。葛萊芬的著作《動物感知的問題》於一九七六年出版，率先認真探討動物意識的問題，並了解行為背後的「意念」[4]。葛萊芬的書廣受嘲弄，有一個原因如一位同事所說，「因為批評他的人持續定義意識，排除了所有可能，讓我們無法找出是否動物也有意識。[5]」但是，從一九七〇年代中期到一九八〇年代，眾人對動物感知的興趣迅速高漲，主要則是因為愈來愈多人關心非人類的知覺能力和福利問題[6]。

情感、感覺、感知、知覺能力和意識都是不同的概念。要在人類身上定義都不容易，也難怪在鳥類和其他非人類的動物身上更難捉摸了，不是嗎？意識是科學上尚未完全解答的一項大哉問，既令人興奮又是高度受到爭議的研究領域[7]。確切定義所謂的「意識」或「感覺」就很難了，但要想像光是神經元發射就能創造出感知的感覺，或感受到不適或心情愉快，則難如登天。

這些難處並未阻擋研究人員想辦法了解鳥類和其他動物的情感生活，但缺乏清楚的概念架構則導致了一場混戰。比方說，有些研究人員相信鳥類和哺乳類體驗到的情感範圍跟我們一樣。有些則比較保守，認為只有人類能體驗意識，所以只有人類才能體驗情感。科學當然會有爭議，成敗的關鍵點也是爭議的高峰。意識是最主要的挑戰，意謂著我們該感到興奮，努力去了解鳥兒和其他動物會體驗到的感受。對人類來說，意識會結合不同的感覺。我相信，鳥兒的感覺也整合了，這種整合會創造出（某種）感覺，成為鳥類日常生活的動力，但是否會創造出我們所了解的意識，則還沒有答案。過去二十年來，我們已經有了不錯的進展，發現得愈多，愈有可能證實鳥類有感覺。但這方面的研究不容易，即便艱難，但有可能很值得，因為在更加了解與我們的生活各方面都很類似的鳥兒後（例如主要仰賴視覺、基本上採單配制和高度社會性等），我們也能更深入了解自己。

生物學家、心理學家和哲學家多年來不斷爭論意識和感覺的問題，因此我也無法期待自己能在本書中提出答案。我反而該用一個很簡單的方法，讓大家想想看鳥兒可能在想什麼。這個方法根據的論點是情感演化自基本的心理機制，這些機制一方面讓動物避開傷害或疼痛，另一方面則讓牠們取得想要的東西，亦即「獎勵」，例如伴侶或食物[8]。想像一個連續體，一端是不高興和疼痛，另一端則是高興和獎賞，就是很好的起點，可以開始探討情感。

擾亂動物日常平衡的東西都有可能帶來壓力。換句話說，壓力是情感受挫的徵兆。飢餓是一種原始的感覺，促使我們覓食，找不到食物，尤其是一直找不到的時候，就會導致壓力。許多動物大多數時間都在逃避掠食者，被敵人追逐會帶來壓力。鳥類回應壓力時，會從腎上腺（位於腹部腎臟的前方）釋放出皮質固醇這種荷爾蒙，進而觸發葡萄糖和脂肪釋放到血流中，提供鳥兒短期的額外能量，儘量降低壓力事件造成的衝擊。因此，壓力反應來自適應過程，其目的是為了增加生存機會。然而，如果壓力一直不消除，反應可能會導致疾病，造成體重流失、免疫系統失調、健康狀況惡化以及完全失去繁殖的動機。

崖海鴉在我的研究中扮演非常重要的角色，繁殖區域的密度非常高，和鄰居如此靠近則是牠們繁殖成功的關鍵，因為能避免鷗和渡鴉攻擊蛋和幼鳥。崖海鴉成群用嘴攻擊時，可以嚇阻大多數的敵人，但要發揮效用，一定要緊緊靠在一起。崖海鴉年復一年，都在同一塊只有幾平方公尺的小地方繁殖，有時候二十多年來都一樣。當然，牠們也跟旁邊的鄰居非常熟悉，建立特別的關係，並透過異體理毛來傳達，應該可說是友誼吧。有時候，友誼的回報可能會出乎意料之外。偶爾當大黑背鷗想搶走崖海鴉蛋或雛鳥時，我看過有隻崖海鴉從後面衝出來攻擊那隻鷗。這些大鷗絕對有能力殺死成年崖海鴉，所以這種行為非常冒險[9]。

崖海鴉照顧彼此的幼雛還有另一個方法。如果崖海鴉父母丟下窩裡的蛋，鄰居通常會幫忙孵蛋，以保持溫度，而且不被鷗攻擊[10]。海鳥間這種群體照顧很少見。其他的海鳥如果丟下幼雛不管，多半就被吃了。

二○○七年，在蘇格蘭東岸五月島上繁殖的崖海鴉碰到了特異的情況。牠們和幼雛吃的玉筋魚數量稀少，也沒有其他可以取代的食物。在上百個觀察崖海鴉的季節裡，數十位研究人員在許多不同繁殖聚落觀察，都沒有看過這種情況。五月島的崖海鴉父母費盡千辛萬苦，也餵不飽快要餓死的雛鳥，牠們向來和諧的行為崩壞了，變得混亂無比。很多成年崖海鴉不得不丟下幼雛，到更遠的地方覓食，但鄰居不但不幫忙保護和照顧雛鳥，反而攻擊牠們。當時在該處研究崖海鴉的艾許布魯克告訴我：

我記得，有隻雛鳥為了逃離攻擊的成鳥，跌進了水坑裡，又被另一隻成鳥亂啄，強把牠的頭壓進泥水裡，看得我毛骨悚然。過了幾分鐘，攻擊的成鳥放棄了，小鳥掙扎著起身，可是太虛弱了，不久便死了。除牠以外，繁殖的岩架上到處都是沾滿泥漿的小屍體。其他的幼雛則被鄰居叼起，在空中亂甩，然後丟下懸崖。牠們的攻擊很駭人，太悲慘了[11]。

這種前所未見的反社會行為似乎是嚴重缺乏食物造成慢性壓力的直接結果。在接下來的幾年內，食物來源大為改善，這些犯下惡行的成年崖海鴉也一直維持平日的友好行為[12]。

另一種鳥白翅澳鴉對於食物短少也出現過類似的反應。在澳洲領頭研究鳥類學的古德於一八四〇年代評論過這種鳥的高度社會性：「通常會看到一群有六到十隻，在地上覓食……整群鳥不會離得很遠……鉅細靡遺地尋找食物。」古德差點就發覺澳鴉是現代所謂的合作生殖鳥，不負責繁殖的鳥兒會協助繁殖，稱為幫手[13]。

一群白翅澳鴉包含四到二十個成員，通常會共同生活好多年。其中有一對負責繁殖，還有前幾個繁殖季節生出的年輕成員，也會加入沒有血緣關係的成員。所有的成員都會幫忙建造牠們奇特的泥巢，所有的成員也輪流孵蛋和餵養幼雛。白翅澳鴉的泥巢跟歐洲鳥類建構的不一樣，是個很結實的杯子，黏在離地十公尺的細瘦水平樹枝上。歐洲和北美洲很少見到合作生殖，但很常見於澳洲的鳥類，而白翅澳鴉則是很極端的例子，因為牠們總是進行合作生殖。這種鳥就是不能像其他鳥兒一樣只靠一對親鳥繁殖。原因則是牠們的棲息地。在乾地裡挖蠕蟲或甲蟲的幼蟲很辛苦。小澳鴉要靠父母餵食八個月，是其他鳥類的八倍時間。即使成鳥停止餵食，小澳鴉也要練習數年才能精通覓食技巧。基本上牠們要在父母的領域中學習覓食，為了回報也要分攤家務：捍衛領地，查看有無敵人入侵，幫忙築巢和照顧幼鳥。食物難找，因此一對繁殖的澳鴉至少需要兩個幫手，才有養育幼雛的機會。研究人員提供額外的食物給澳鴉後，繁殖的成功率大為提高，由此證實，難以找到足夠的食物確實會限制鳥兒的活動。

澳鴉的群體生活行得通，因為牠們一系列的行為都能讓成員緊密相連。牠們會一起行動：玩耍、歇息、沙浴，在休息的時候，則整排站在水平的樹枝上彼此理羽。這跟情感有關嗎？加入了緊密的群體後，社會互動就非常重要，除了和群體的成員互動，也會跟其他群體互動。研究這些鳥已經二十年的韓森說：「澳鴉長久以來都需要幫忙，因此產生了極佳的群體關係，尤其在氣候惡劣的時候。[14]」

旱災降臨時，澳鴉會同時碰到好幾個情況。食物短少讓牠們壓力倍增；鳥兒不得不花更多時間覓食，也更沒有時間查看是否有敵人入侵。如果一直吃不到東西，鳥兒會消耗掉體內全部的脂肪，開始用存在胸肌裡的蛋白質。這會影響牠們的飛行能力，如果有楔尾鵰之類的掠食者攻擊，就更沒有機會逃跑。彼此爭奪食物，壓力等級繼續升高。原本共享食物的群體成員在飢餓襲擊下，變得極度自私，只想把食物留給自己。體型較大或占主導地位的鳥會把比較小的推開，搶走食物；反抗無效，因為打輸後的壓力會造成更嚴重的損害。乾旱季節的覓食難題最終會導致群體解散。曾讓成員聚在一起的社會連結瓦解了（群鳥想必也釋放了大量的壓力荷爾蒙），成員分散成更小的單位，在乾旱的鄉間尋找食物。這種策略或許能增加找到食物的機會，成員卻更容易受到其他澳鴉的騷擾以及掠食者的攻擊。

跟其他許多鳥類一樣，澳鴉看到空中來的掠食者，如鵰或隼，自然的反應便是發出警告的叫聲，想辦法逃命。一九三〇和一九四〇年代的動物行為學家研究了小雞和小鵝的這種行為，發現正是在頭上移動的形體會引發反應：長尾巴、短脖子和長翅膀[15]。然後到了二〇〇二年，研究人員證實看到從頭上飛過的掠食者（其實是模型）會導致血流中的壓力荷爾蒙皮質固醇增加，表示鳥兒感受到恐懼[16]。

用荷爾蒙來評量壓力，推論出鳥兒體驗到的情感，而不光靠行為，在一項很聰明的實驗裡就展現了這種做法的價值，從野外抓來的白頰山雀在圈養環境中可以在不同的情況下看到鬼鴞（白頰山雀和其他小型鳥類的天敵）和花雀（一種雀，對白頰山雀不構成威脅）。白頰山雀對鬼鴞和花雀的行為反應一樣，但只有鬼鴞會讓牠突然釋放出大量的壓力荷爾蒙皮質固醇，清楚證實白頰山雀比較害怕鬼鴞[17]。

回應壓力時，皮質固醇會快速上升，但下降的速度很慢。調查鳥類壓力反應的研究人員做了簡單無害的試驗，把鳥兒握在手裡。被握住的時候，鳥兒的心跳、呼吸和皮質固醇等級全都增加了，假設鳥兒被掠食者抓到的時候就會有這樣的反應。換句話說，所有三種生理變化都指出鳥兒很害怕。心跳和呼吸幾秒內就加速了，而皮質固醇要等三分鐘才會出現在血液裡。同樣地，放開鳥兒後，心跳和呼吸幾分鐘內恢復正常，但根據壓力的等級，可能要好幾個小時皮質固醇才會回到正常的濃度。

感到壓力時，皮質固醇增加是很普遍的情況。拿蛇來說——我在這裡舉爬蟲類的例子，是因為鳥兒沒有對等的資訊——（在爭奪伴侶時）打輸給另一條的公蛇皮質固醇會猛然上升，之後的好幾個小時都會沒有交配的興致，而打贏的則充滿性趣[18]。

研究圈養的白頰山雀後，科學家發現鳥類在攻擊行為中退讓下來時，會體驗到類似的生理變化，在實驗中他們讓鳥兒在籠中面對侵略性特別強的雄鳥，過了一會兒體溫升高了，活動力則降低，二十四個小時後才會恢復。實驗室的老鼠也產生了類似的結果。這一類的測驗都必須是人為的，不論變化多麼劇烈，被研究的鳥兒都無法像在野外一樣「逃脫」。因此，雖然研究告訴我們鳥類和其他動物體驗得到「害怕」，很有可能在野外的效果就比較不明顯，動物恢復的速度也比在圈養環境中更快[19]。

在澳洲研究野生斑胸草雀的時候，我在藏身處靜靜坐了幾個小時，用雙筒或單筒的望遠鏡看鳥。當然，這幾個小時內我也看到了很多其他的動物，包括一次驚人的掠食。羽色是粉紅色和灰色的粉紅鳳頭鸚鵡，在研究區域很常見，也常從我的藏身處前面飛過，同時嘎嘎大叫。有一次，一隻褐隼從天而降，追著鸚鵡跑。整群鸚鵡四處竄逃，但褐隼很快就選定了一隻，在空中抓住牠，粉紅色羽毛滿天亂飛。被抓走的鸚鵡厲聲慘叫，即使兩隻鳥一起消失在樹叢間，我仍能聽到鸚鵡悲傷的叫聲，我真覺得牠一定嚇壞了，也很痛苦。然而，後來又見證一次掠食，卻改變了我的看法。

海鸚從洞穴裡走出來，就在此刻雌遊隼正在懸崖頂上翱翔。遊隼輕鬆地停到海鸚頭上，把牠抓在黃色的爪子裡。我也抓過海鸚，知道牠們很頑強，也有強壯的嘴喙和尖利的爪子，因此有一度我以為海鸚或許能夠逃脫。並沒有。相反地，牠靜靜躺著，往上看著遊隼，遊隼避開了海鸚的注視，堅決地不讓目光離開海洋。我想遊隼可能在等抓得緊緊的有力腳爪發揮作用，等海鸚死掉。牠沒死。海鸚很強韌，在潛水尋找獵物時能禁得起猛烈的壓力，也能耐受強烈的海風。僵局了。過了五分鐘，仍看不到明確的答案。遊隼仍凝望著海洋。海鸚稍稍扭動了一下，雙眼明亮，依然充滿生命力。從我的單筒望遠鏡看出去，像一場交通意外，既駭人又讓人移不開目光。最後，過了十五分鐘，遊隼開始拔海鸚胸口的羽毛，五分鐘後，開始吃海鸚胸口的肌肉。等到遊隼吃得心滿意足，離抓到海鸚已經過了三十分鐘，牠終於斷了氣。覺不覺得痛苦？我不知道，因為在這段可怕的過程中，海鸚從未表現出痛苦的模樣。

邊沁（一七四八至一八三二）是早期鼓吹動物福利的思想家，他最出名的事跡便是指出問題不在於動物能否思考，而是牠們有沒有受苦的感覺[20]。這一點非常重要，到現在仍然沒有改變，邊沁會這麼想，是因為奴隸常受到駭人聽聞的對待，情況不比動物好多少。早邊沁一個世紀以前，哲學家笛卡兒假設動物感覺不到苦難，他的說法並無不當，因為否定痛苦存在就能區別人類和動物，正是天主教會最關切的問題。也表示虐待動物不會引發罪惡感。對其他人來說，比如和笛卡兒同時代的博物學家雷，實在難以想像動物沒有感覺。他問，不然狗被活體解剖時怎麼會哭喊呢？證據似乎無法反駁，也從客觀的角度說明，動物（如鳥兒）是否感到疼痛，其實是個微妙的問題[21]。

有些研究人員認為鳥類只能感到某種類型的疼痛。假設你不小心把手放到炙熱的炊具上。你的第一個反應便是劇烈的疼痛，然後會立刻縮手。這是**無**意識的反射。透過皮膚中的痛感受器把信號送到脊髓，引發反射，讓你把手移開。這是疼痛反應的第一「級」。第二級則是把訊息從你的手透過神經傳到大腦，大腦處理資訊後產生疼痛的感覺。這是有意識的疼痛——把手從炊具移開後的感覺。據說，要感受到這種疼痛，就需要意識。要是如一些研究人員的假設，鳥類沒有意識，牠們就無法體驗到這種特別的疼痛「感覺」[22]。

這種看法預設無意識的疼痛反射就足以達成生存的目的。的確，很多其他脊椎動物和無脊椎動物，碰到不愉快的刺激時，都展現出同樣的退縮反應[23]。就自保而言，這種反射的重要性就很清楚了。只要想想那些由於基因突變而無法感覺到疼痛的不幸人士，他們在吃飯的時候會一直咬到舌頭和臉頰，還有一名巴基斯坦的男孩，他感覺不到疼痛，會用刀刺手臂來賺錢，用自己的失能**過活**[24]。

然而，研究雞隻的結果提供了令人信服的證據，鳥類能體驗到疼痛的**感覺**。在商業環境中高密度養殖的雞隻常常會啄其他雞的羽毛，有時候也會吃掉同類。為了防止這類情況，養雞場的人會把雞嘴尖端切掉。根據我們之前討論過的觸覺，讀者或許可以猜到接下來會出現的情況。剪喙的過程很快，用加熱的刀片同時剪斷和燒灼。剪喙似乎會造成初期的疼痛，延續二到四十八秒，之後幾個小時內疼痛會消失，再來的疼痛期則比之前更長。這很像我們被燒傷後的感覺。測量痛感受器中兩種神經纖維（簡單稱為A跟C纖維就好）的放電，可以證實雞隻一開始感到的疼痛。A纖維負責快速的反射性疼痛反應；C纖維負責後面延續時間更長的疼痛感覺。跟成雞相比，小雞剪喙後似乎比較不痛，恢復得也比較快。成雞似乎更不舒服，剪喙後過了五十六周，仍會避免用喙啄東西，理毛頻率降低，探索啄食的動作也少於沒有剪喙的雞[25]。

這裡的重點在於，剪喙後立即搖頭，應該就反映出初期的疼痛，除此之外，雞隻並沒有展現出明顯的外在徵兆來表達不適。只能透過測量行為和生理的細微差異，才能證實持久的疼痛感覺。

再回到比較正面的討論吧，常有人問我最喜歡哪種鳥。一直以來我都覺得問了也是白問，不過二〇〇九年看過另一種鳥後，我的想法也改變了。如果現在問我，我一定毫不猶豫地說我最喜歡南美洲的長尾蜂鳥，非常美。事實上，長尾蜂鳥有兩種，一種是普通長尾蜂鳥，一種則是紫長尾蜂鳥。從名稱便可以看出來，牠們非常小，外表高雅，比例精緻，會發出嗡嗡聲，顏色也出眾奪目：頭頂是泛出虹光的金屬綠，根據鳥種不同，下頷可能是金屬綠或藍，長長的尾巴則整條是明亮的鈷藍色或紫羅蘭色。

第一次在厄瓜多看到長尾蜂鳥後，我的情緒好幾天都難以平復。長尾蜂鳥太精緻了，我好想占為己有，抓一隻來留住牠的美。看相片不夠，因為相片無法完全展現出蜂鳥的美，而且光一張相片無法抓住鳥兒全盤的本質。我現在了解為什麼維多利亞時代的人要在櫃子裡放滿蜂鳥死後依然閃亮的標本，或許透過種種不同的姿勢來展現出蜂鳥的型態，充滿生氣的模樣真令人神魂顛倒。

對熱愛觀鳥的人來說，看到稀有或美麗的鳥兒有點像墮入愛河。愛鳥的人說他們愛鳥，因為在看到那種鳥的時候，腦子裡有種嗡嗡作響的奇妙感受。

曾有一度，眾人相信愛不能撼動科學研究，但近年來的科技進步指出，神經生物學家現在也覺得他們可以透過某種方法觀看人類的愛。使用 fMRI 掃描科技，研究人員真的可以在受試者說出體驗到的情感時看透人腦。在掃描器裡的人看到深愛對象的照片時，腦部特定的區域會「亮起來」。這些區域的血流量增加，腦部活動跟著提升，而且都在大腦皮層和腦皮層下區域裡面，合稱為「情緒腦」。值得注意的是，這些區域也屬於大腦所謂的「獎勵系統」。看著心愛伴侶或愛人的照片，大腦的下視丘區域會釋放合稱為神經激素的物質，提供神經系統和內分泌系統的連結，刺激獎勵中心[26]。因此，在愛情關係成形時，這些神經激素扮演了很重要的角色。墜入愛河時，還有其他的影響：叫作血清素的神經激素會降低到跟強迫症患者差不多，或許能解釋為什麼戀愛的人會變得很執著，占有欲很強。下視丘區域還會製造催產素和升壓素這兩種神經激素（尤其在性高潮的時候），加深愛的感受，似乎也是建立情感連結的要素。

這些發現並非出自鳥類，而是來自哺乳類動物，哺乳類只有少數幾種會長期成對生活並共同撫養下一代，草原田鼠就是其中之一。在交配的時候，田鼠大腦會分泌催產素和升壓素，讓這對田鼠之間的關係更加緊密：雌性分泌催產素，雄性分泌升壓素。然而，要是在實驗中阻斷這兩種化學物質的分泌，田鼠便無法建立伴侶關係。相反地，就算不交配，注射這兩種化學物質後，關係也會形成。更值得注意的是，草地田鼠並不遵循一夫一妻制，當研究人員將能夠刺激升壓素分泌的基因放入這種田鼠體內，雄鼠很明顯地會更願意跟雌鼠配成一對，表示單一個基因就能控制關係的建立。從事這項實驗的研究人員也很想強調實驗才剛開始，我們在推斷其他物種的行為時應該要謹慎，但他們的結果確實表示伴侶關係行為和腦中的獎勵系統之間有種連結機制[27]。

我們還不知道鳥類是否也有類似的機制。目前有兩個研究團體正在進行調查，他們都用單一伴侶的斑胸草雀當成研究對象。雖然已經在腦部正確的區域偵測到神經激素的活動，但到目前為止仍不清楚斑胸草雀的激素分泌過程是否和草原田鼠一樣。研究仍在進行，應該不久就有結果了[28]。

獎勵系統對人類行為來說非常重要。可說是我們日常生活的動力：進食、性行為和觀鳥，原因都是獎勵系統。然而，大多數人能體驗到最高度的喜悅都是跟愛情和性欲有關的情感體驗。愛可以分成愛情跟親情，兩種都涉及「依附」或連結：伴侶之間，父母和子女之間。愛情當然會導致渴望和情欲。要解釋愛情很簡單，就是為了適應：一對個體合作，以便更有效更成功地繁衍下一代，絕對比其他育種系統更好——起碼在某些生態條件下行得通[29]。

大家都知道，鳥類多半從一而終，我是指這種一雌一雄合作養育下一代的情況，在成對繁殖的動物中很少見。在一九六〇年代做的調查中，拉克估計，在上萬已知的鳥種中，單配繁殖的超過百分之九十。其餘的是多配制（這種繁殖系統分為一雄多雌，以及比較少見的一雌多雄），或多夫多妻，雌鳥和雄鳥間沒有任何情感連結。後來，鳥兒幾乎都是單配制的概念也得改了，因為以分子親緣鑑定的研究結果顯示偶外配對的情況非常普遍。即使拉克說對了，大多數的鳥會成對繁殖，單配並不表示牠們有固定的交配對象。偶外配對和偶外配對子代都很常見，鳥類學家現在則要區分所謂的社會單配制（成對繁殖）和交配單配制。後者是排外的交配制度，不容許不貞，瘤鵠就是很好的例子，其他物種的例子相對來說很少[30]。

我並不想推論鳥類的不貞和情感有關。然而，我們可以想一想和伴侶關係有關的情感，尤其是長壽的鳥兒關係更為持久，還有合作生殖的群體，例如白翅澳鴉、小蜂虎和銀喉長尾山雀。在所有的案例中，關係或許也包含了情感這方面。問題在於，起碼到目前為止，我們都沒有方法可以明確證實這一類的作用[31]。

或許觀察下列行為行得通。我們知道鳥類的幾種行為都跟社會關係緊密相連，包括伴侶關係和合作生殖的群體關係，以及群體其他成員的關係也算。還有歡迎的儀式、某些聲音表現和之前看到的異體理毛。

加拿大北方雷索盧特附近那隻伴侶被射殺的黑雁是否體驗了喪親的情感反應，我們無從得知。雁通常活很久，也有長期的伴侶關係和緊密的家庭關係，幼鳥會留在親鳥身邊好幾個月，家族甚至一起遷徙。伴侶暫時分離後，牠們通常會在重聚時表演歡迎的動作或「儀式」。這種表演在長壽的鳥類身上很常見，伴侶在過完冬後重逢時更要花一段時間表演，例如企鵝、鰹鳥和海鴉。在繁殖季節內，即使只是短暫分別，鳥兒覓食回來後也會彼此歡迎。歡迎儀式的長度和劇烈度也跟伴侶分離的時間有密切關係，值得注意[32]。

一生致力於研究鰹鳥的尼爾森描述北方鰹鳥的碰面儀式是「鳥類世界最美好的表現」。去參觀鰹鳥繁殖聚落時，例如蘇格蘭的巴斯岩，就很有機會看到這種儀式。當鰹鳥回到巢裡跟伴侶相會時，兩隻鳥會站直身子，胸口對著胸口，張開翅膀，鳥嘴指著天空。在極度興奮的狀態下，牠們敲打彼此的鳥嘴，不時向下擺頭劃過伴侶的脖子，刺耳的叫聲從不停歇。

在正常的情況下，歡迎動作會持續一兩分鐘，不過在英格蘭北部班普頓懸崖研究鰹鳥的萬賴絲觀察到一次特別長的表現。在她定期查看的一個巢裡，雌鳥失蹤了，留下雄鳥單獨照顧幼雛，雖然艱難，牠依然盡責。一天傍晚，不尋常地離開五周後，雌鳥回來了，萬賴絲正好能目睹這一幕。她很驚訝，兩隻鳥表現了激烈的歡迎儀式，長達十七分鐘！因為人類也一樣，分離愈久，歡迎儀式（親吻擁抱等等）愈精細，讓人忍不住要假設鳥類在重逢時也經歷了類似的快樂感受[33]。

包括紅腹灰雀在內的很多種鳥在濃密的植物間覓食的時候，都持續發出尖細的叫聲和伴侶保持聯繫。而包括非洲的伯勞、歌鴡和幾種熱帶的鷓鴣等其他種鳥，伴侶會輪唱——時間配得剛剛好的交替二重唱，就像只有一隻鳥在唱歌。這種二重唱的功能我們並不完全了解，但或許能發揮保衛領土的功效[34]。此類表現中最引人注意的則是黑背鐘鵲的「歡唱」，這種鳥跟白翅澳鴉一樣也會合作生殖。歡唱由整群黑背鐘鵲站在地上，通常會有六到八隻圍繞著樹叢或籬笆的柱子，一起唱出令人難以忘懷的旋律（電視影集《鄰居》的觀眾應該會覺得很熟悉，在原聲帶上常常聽到）。研究鐘鵲歡唱的布朗說：「經文歌和牧歌等公共歌曲在創作時結合了所有歌手的旋律。」一就機能而言，布朗用人類的戰呼來打比方，創造和強化團隊的凝聚力，才能保衛和防禦他們的領土[35]。

大多數合作生殖的鳥兒、許多種海鳥和斑胸草雀等小型雀都花很多時間幫彼此理毛，我們也知道這種行為會導致腦內啡分泌，讓接受理毛的鳥兒看起來很放鬆——感受應該很愉快[36]。派波柏格專門研究馴服的非洲灰鸚鵡，幫鸚鵡搔癢或理毛的時候，牠們似乎也會進入很像「放鬆」的狀態，眼睛半閉，身體姿態放鬆。如果停下來，牠們會要求「搔癢」，但如果她不小心碰到理論上非常敏感的新生羽毛，牠們就會咬她來表達威脅，然後又放鬆，再度要求「搔癢」。另一隻由法國心理學家卡巴那馴服和教導說話的鸚鵡則會用法文說「很好」來回應讓牠覺得開心的事件，比方說理毛或搔癢，不過這種反應並非刻意訓練出來[37]。

要更了解鳥類可能會體驗到的感覺，或許最好的方法是透過謹慎的行為研究，比方說觀察被剪喙的母雞會怎麼用嘴，以及在可能引發情感的情況下測量反應來進行生理研究，比方說歡迎的表現、異體理毛以及與伴侶分別。生理學的基準包括心跳及呼吸速率的改變、從大腦釋放的神經激素，或用掃描科技看見的腦部活動變化。這些都不容易，目前還無法拿野生的鳥兒來做實驗。

但我可以想像在不久的未來，應該可以測量到野鳥的一些反應。根據我在這裡敘述過的科學，我想就讓讀者來決定鳥類會不會體驗到情感。我覺得答案是肯定的，但就像內格爾問到當蝙蝠是什麼滋味時，我們或許永遠無法得知鳥類體驗情感的方式是否與人類相同。

後記

在本書中我分別討論了鳥類的不同感覺。如此編排，是為了方便和清晰，但事實上，感覺當然會組合使用。心理學家已經證實，我們通常不會意識到自己同時使用和處理來自好幾種不同感覺器官的資訊。比方說，第一次碰到某個人，主要的資訊來源是視覺，但在不知不覺的情況下，我們會評估他們的氣味和聲音，如果擁抱或握手，我們也會猜測他們有什麼感覺（我最討厭軟弱無力的握手方式了）。所以很合理，鳥兒也必須整合來自不同感覺器官的資訊，因為整合後，才能提供更多的資訊，說不定會影響到牠們的生存。

有時候研究人員很難確切指出鳥兒用什麼感覺來評估環境。大家都常看到鶇科鳥類在郊外的草地上尋覓蚯蚓。鳥兒向前跳，停下來，頭歪向一側，靜靜等候；牠是在看，還是在聽？然後，迅速往前撲啄，從土裡抓了隻蠕蟲出來。在一九六〇年代，美國鳥類學家赫普納研究過旅鶇用什麼感覺去捕獲獵物。他發現，當圈養的旅鶇在找蟲子的時候，對牠們播放「白噪音」，對覓食一點影響也沒有。他歸結出旅鶇用視覺獵食，當鳥兒歪著頭的時候，是在**看**而不是在**聽**，用一隻眼睛掃描地上有沒有蟲子的蹤跡[1]。

三十年後，蒙哥馬利和韋瑟黑德重新檢視這個問題，得出了非常不同的結論。他們同意，歪頭的姿勢全然符合視覺的使用，歪頭的角度表示地上的影像直接投射到鳥兒的中央窩。但移掉了地上的洞或蚯蚓糞等所有的視覺提示後，鳥兒仍找得到獵物。利用消去法，蒙哥馬利和韋瑟黑德證實旅鶇覓食時能聽到蠕蟲的聲音。如果你把耳朵湊在蚯蚓的洞穴上，有時候可以聽見蚯蚓的剛毛摩擦洞壁的聲音。

他們也發現赫普納的研究有漏洞，因為鳥兒其實看得到洞穴裡的蠕蟲，所以問題不在於發現鳥兒如何偵測到「看不見的」獵物。蒙哥馬利和韋瑟黑德的研究重點非常重要。重點是：就算我們對特定行為的解讀表示鳥兒用一種特定的感覺，仍需要謹慎實驗來完全確定到底是什麼[2]。在實驗室外，旅鶇獵食時肯定同時用上了視覺和聽覺。牠們可能也會用嗅覺；或許甚至能透過足部的觸覺感測器偵查到蠕蟲在土裡移動。

和旅鶇偵測蠕蟲的能力相比，更令人注目的則是半乾旱地區的水鳥能感覺到數百公里外的降雨。那米比亞的伊托沙鹽湖降雨後，幾小時內突然出現了數千隻大紅鸛和小紅鸛，同樣的情況也發生在波札那的馬卡迪卡迪鹽沼。在這些半乾旱的區域，降雨很不規律，但一下雨的話淺淺的窪地很快就積滿了水。那些紅鸛在海邊過冬，雖然不曾體驗過降雨，卻不知怎地能測知雨已經下了，然後立刻飛往內陸。除了能偵測遠方的降雨，似乎也能辨別下了多少雨，只有在降雨量適合繁殖時，才會拋棄海邊的度冬地。紅鸛回應的對象是遠方打雷後傳出的震動嗎？或許吧，但就算沒打雷，牠們也會發現遠處下雨了。牠們看見了堆得愈來愈高的積雨雲嗎？在地面上可以從相當遠的地方看見，飛到空中的話又能看得更遠。還是感受到了氣壓的變化呢[3]？

到目前為止，沒有人知道紅鸛用什麼感覺偵測到遠方的降雨。古爾德的論文〈紅鸛的微笑〉大大頌揚紅鸛進食時頭部顛倒的習慣，用以篩出水中的細小獵物。古爾德假設紅鸛謎樣的微笑便是鳥嘴上下顛倒的結果，不過我寧可想，我們不解牠們能感覺到遠方降雨的神祕能力，讓牠們變得很有趣[4]。

人類會組合使用感覺，從味覺來看就很清楚了。如果你捏住鼻子（暫時阻斷嗅覺），咬一口（剝了皮的）洋蔥，因為吃不出味道，所以咬得下去。放開鼻子，洋蔥的味道就立刻變得很明顯。心理學家認為百分之八十的味覺透過嗅覺而來。味覺和視覺也有緊密的關係，腦部掃描證實，看到食物的時候大腦中的味覺區域就會亮起來。鳥類大腦中也有類似的互動嗎？實驗難度比較高，不過答案大家都很想知道。

人類感覺系統還有一個大家都知道的特色，「代償性增強」（更專門的說法則是跨感覺可塑性）——如果某種感覺受損或不存在，能夠培養出特定的感覺。有兩種解釋。第一，假設看不見，我們會更注意聲音或其他感官輸入。第二，如果少了某種感覺，大腦會重新組織，增強其他的感覺。兩者似乎都對。事實上，大腦能用這種方法重組就提供了令人信服的證據，證實感官資訊能精密結合。我們那隻眼盲的斑胸草雀比利能夠辨別腳步聲（見第一一七頁），不知道能不能算是這種類型的補償，也有可能視覺正常的斑胸草雀也能分辨腳步聲。要檢查也不難，不過我想到的時候，比利已經去世了。

視障人士能夠利用回聲定位，也是代償性增強的範例，非常令人嘆服。看不見的人會聆聽聲音從家具上彈回來的回聲，在家中找到行走的路徑，這種現象稱為**被動**回聲定位，因為人不需要發出聲音。在寫這本書的時候，我想到了被動回聲定位，發現自己也對回聲非常敏感。事實上，（雖然沒什麼用）我發現在工作場合，打開一扇特別吵的門，不需要用眼睛看，就能立刻辨別裡面有沒有人。發現自己有這種能力後，每次去那個房間，我都在開門時預料自己能不能猜對：成功率大約百分之八十五。不過更令人讚嘆的則是有些視障人士能利用**主動**回聲定位騎腳踏車越野。在騎車的時候，他們每秒會彈兩下舌頭，用聽到的回聲就能騎在正確的路徑上，還能避開障礙[5]！我前面說過油鴟和金絲燕都會在黑暗的洞穴裡主動發出聲音用回聲來定位，但我不確定其他住在洞穴裡或夜行性的鳥兒是否也會用被動回聲定位。

要了解鳥類如何體驗世界，利用人類的感覺系統只能算是起點，只要能辨別牠們具備我們沒有的感覺，只要我們不自動假設牠們跟我們共有的感覺一模一樣，就可以略窺鳥類的感覺世界。

用視覺辨認個體的能力提供了很好的例子。我們辨認臉孔的能力非常好：在不到一秒的時間內就知道是否看過某張臉孔，我們也有獨特的能力來辨認出認識的人。在視覺一章中所敘述的事件讓我明白，崖海鴉光靠著視覺，飛在幾百公尺外就能辨識出伴侶。看似非比尋常，並非因為崖海鴉的眼睛跟我們不一樣，而是對人類的眼睛來說，大多數的崖海鴉就算近在眼前仍然很難分辨誰是誰。我的例子只是個有趣的小故事，不過也符合其他人的觀察，崖海鴉和其他許多種鳥都很擅長辨別個體。透過聲音辨別其他的鳥，是最顯而易見也最為人所接受的方式。我們會得到這個結論是因為聽覺適用於明確簡練的測驗，在所謂的回播實驗中，播放鳴叫和鳴唱（其他的線索一律排除）給鳥兒聽，看看牠們有什麼反應。類似的實驗進行了數百次，都明確證實聲音和聽力在鳥兒識別彼此時很重要。

要知道鳥類是否用其他感覺來彼此辨別則比較難，不過，從一些小故事中我們也看到了肯定的證據。比方說，雞啄食的順序就仰賴牠們能否用視覺辨認其他的雞。我跟同事毘薩里和康沃利斯沒想到，我們居然無意間證實了這件事。我們正在做實驗，要證實小公雞在交配時注入多少精液給母雞。如果每隔幾分鐘就讓同一隻公雞看到同一隻母雞，過了一個多小時後，再一次交配時，精液量就如預期般減少。然而，如果在實驗中途換一隻母雞，公雞的精液量會暴增。因為公雞在交配前似乎都會看看母雞，最有可能的解釋就是視覺辨認了。我們知道其他鳥類也能用視覺彼此辨別。每一隻翻石鷸頭部和上半身的黑白羽色都有不一樣的圖案，惠特菲爾德把模型畫得跟特定的個體很像，證實了在辨認個體時視覺線索非常重要。科學家在實驗室裡做了更精細的測驗，發現鴿子能辨認出現在螢幕上的其他鴿子[6]。

透過其他的觀察和實驗，鳥類用視覺辨認特定個體的能力似乎更值得深究，更不用說牠們有時候隔了一段距離就能辨認。用紙板剪出平面的成年銀鷗頭像，可以誘騙幼鳥回應，牛文鳥願意和只有鐵絲架和翅膀的模型雌鳥交配，還有小鴨會對人類（或靴子）產生銘印，把第一眼看見的人事物當成母親，這些都暗示鳥類和人類的感知基本上不一樣。然而，只要停下來仔細想一想，我們就應該小心，不要妄下結論。只需要一點點想像力，這三個例子或許都能在人類身上找到對等的體驗。我們能被感覺系統欺騙，也是不尋常的能力：立體影像會造成混淆，內克方塊、潘羅斯三角形和艾薛爾無止境的樓梯等錯視令人迷惑，而且，由於大腦迴路的設計，我們無法從客觀的角度觀看顛倒的人臉。了解我們的感覺為什麼會被這些花招愚弄，就能更深刻地看出人類的感覺系統如何運作。同樣的方法或許也能讓我們更了解鳥兒如何感知世界。就我所知，還沒有人動手，不過我猜應該快了[7]。

一位心理學家最近評論說，二十一世紀初期，也就是現在，正是研究人類感覺的黃金時代[8]。我想，研究鳥類感覺的黃金時代或許尚未到來。我盡我的努力概述目前和鳥類感覺有關的發現以及尚未找到答案的問題。我們對人類感覺系統的了解突飛猛進，如果可以借鏡歷史（我覺得可以當成依據），那我們對人類感覺的發現一定也能讓我們用類似的方法研究鳥類。歷史也很清楚地告訴我們，我們對鳥類（和其他動物）的發現，包括季節性的腦部重塑或內耳的毛細胞再生，對人類也有很重大的含義。今日，我們對鳥類的感覺起碼有了良好的基本了解，不過更好的應該還在後頭。

注解

序

1. 有些視障人士能用回聲定位在房間裡走動，有些則能用在戶外（後記中有提到），連續彈兩次舌頭，聆聽回聲 (Griffin, 1958; Rosenblum, 2010)。
2. 顯微鏡的發明通常歸功於央森父子，荷蘭人，十六世紀末和十七世紀初的眼鏡製造商，不過據說古代的中國人則用鏡片和一管水（或許是石英）造出低倍率「顯微鏡」(Ruestow, 1996); fMRI: Voss et al. (2007)。
3. 休斯的詩，〈雨燕〉。
4. Corfield et al. (2008).
5. Tinbergen (1963); Krebs and Davies (1997).
6. Forstmeier and Birkhead (2004).
7. Swaddle et al. (2008).
8. Eaton and Lanyon (2003).

9. Hill and McGraw (2006).

第一章　視覺

1. 伯勞鳥的英文 shrike 根據《牛津英語大辭典》為「尖叫」（shriek）之意，可能指為鷹獵人所用時，鳥兒看到隼便發出的叫聲。林奈稱之為 *Lanius*（屠夫，因此也叫屠夫鳥）*excubitor*（哨兵）。有些人相信「哨兵」指這種鳥對鷹獵人的用處，但也有人認為指鳥兒在狩獵時習慣坐在開闊的地方：Schlegl andWulverhorst (1844–53)；引言來自 Harting (1883)。
2. Harting (1883).
3. Harting (1883).
4. Wood and Fyfe (1943); Montgomerie and Birkhead (2009); Wood (1931)：注意，伍德曾和斯洛納克合作，他是研究鳥類眼睛的先驅。
5. Walls (1942).
6. Wood (1917)：呆頭伯勞是灰伯勞的近親。
7. Ings (2007); Nilsson and Pelger (1994).
8. Rochon-Duvigneaud (1943); Buffon (1770, vol. 1). 鳥類視覺「優於」人類的想法可說過分單純，一個原因是不同種鳥的視覺也不一樣，再者，由於視覺分成很多方面，有些鳥的視力好，有些鳥對光比較敏感。

9. Rennie (1835: 8).

10. Fox et al. (1976).

11. 有一個可能是鳥類具備類似人類天生就有的臉孔辨識系統（見 Rosenblum, 2010），我們可能覺得每隻崖海鴉都長得一樣，但崖海鴉卻覺得每隻都有不同的長相。另一個可能則是鳥類跟我們一樣，能從動作模式辨認彼此。

12. 哈維的書已有翻譯，見 Whitteridge (1981: 107)。

13. Howland et al. (2004); Burton (2008).

14. Wood and Fyfe (1943: 600).

15. Walls (1942). 現在我們就明白了，鷸鴕的視覺由其他感覺來補強（見第二章、第三章和第五章）。

16. Derham (1713).

17. Woodson (1961).

18. Martin (1990).

19. Newton (1896: 229).

20. Wood and Fyfe (1943: 60).

21. Perrault (1680).
22. Ray (1678).
23. Perrault（1676，Cole (1944) 曾引用並圖解說明）。
24. Newton (1896); Wood (1917).
25. Soemmerring – 在Slonaker (1897) 中引用。
26. 也稱為顳部的和外側的；深中央窩和淺中央窩。
27. Snyder and Miller (1978).
28. 也請參見 Tucker (2000) 和 Tucker et al. (2000)。雙眼視覺（兩隻眼睛同時看著同一個物體）是否給鳥類深度知覺（立體影像），目前沒有答案 (Martin and Orsorio, 2008)。
29. Martin and Osorio (2008).
30. Gilliard (1962). 注意這裡談的是圭亞那冠傘鳥。
31. Andersson (1994).
32. Cuthill (2006).
33. Ballentine and Hill (2003).
34. Martin (1990).
35. Martin (1990).

36. Nottebohm (1977); Rogers (2008).

37. 摩爾（1653）提到，鸚鵡多半是左撇子；另請參見 Harris (1969) 和 Rogers (2004)。唐森（1799，在 Knox (1983) 中引用）第一個注意到交嘴雀的慣用邊和牠們交叉的嘴喙有關係，其「交嘴」是為了從松果中取出種子而產生的適應。以紅交嘴雀來說，大約有一半為「鳥嘴向左」，即下喙向左橫過上喙；其餘的則為「鳥嘴向右」。諾克斯（1983）指出：「由於鳥兒叼住松果的方法，大部分的張力放在另一邊的腳上，也就是鳥喙下部交叉方向的另一邊。因此鳥嘴向左的鳥兒是『右撇子』。右撇子的鳥右腿比較長，頭顱左側的下頷肌肉比較發達，可以看出很明顯的不對稱。喙交叉的方向在剛孵出的時候就決定了，那時喙還未交叉。我們不知道為什麼喙會朝某個方向交叉，也不知道對認知有什麼影響。夏威夷的紅管舌雀（一種小型、紅色的旋蜜雀）也有（隱約）交叉的喙跟慣用邊」(Knox, 1983)。

38. Rogers (2008).

39. Lesley Rogers，私人通訊。

40. Rogers (1982).

41. Rogers (2008)；另請參見 Tucker (2000), Tucker et al. (2000)。

42. Weir et al. (2004)；另請參見 Rogers et al. (2004)。

43. Rogers (1982).

44. Rattenborg et al. (1999, 2000)：注意了，從科學角度來看，確定鳥兒是否真的睡著，需要了解其腦部功能，因為睡眠時的腦部放電活動有特定的模式。光看眼睛睜開或閉上，無法判斷鳥兒是否睡著了。

45. Rattenborg et al. (1999, 2000).

46. Lack (1956); Rattenborg et al. (2000).

47. Stetson et al. (2007). 事實上，昆蟲之所以能辦到，是因為牠們從接收到的一連串影像中僅擷取相關的資訊，有可能鳥類也有類似的機能。

第二章　聽覺

1. Newton (1896: 178).

2. Bray and Thurlow (1942); Dooling (2000).

3. 鮑德納的（1666－另請參見 Baldner (1973) 摹本）萊茵河鳥類圖解讓威勞比和雷有了靈感（Ray, 1678）。鮑德納誤以為大麻鷺的叫聲主要來自雌鳥，但發出聲音時會把頭抬高這件事卻說對了。其他人則以為大麻鷺對著蘆葦吹氣來發出聲音。小說家狄福在環英旅行時寫到了「沼澤之鄉」，他說：「這裡，我們聽到了大麻鷺粗啞的樂聲，這種鳥在以前代表不祥之兆，如雌鳥告訴我們（但我相信大家都不知道），把喙插入蘆葦叢，發出單調沉重的呻吟聲，宛若嘆息，發出頻率非常低的巨響時，有如遠方傳來的槍聲，在兩三英里外都聽得到（別人說的），但其實沒那麼遠」(Defoe 1724–7)。南美洲的傘鳥 *Procnias* spp. 叫聲也極響。厄爾是以前裁縫用的測量單位，字面上的意思則是前臂，然而，在德國的各個區域也代表不同的長度。前臂約四十公分長，因此鮑德納的五厄爾就有兩百公分了（兩公尺），大麻鷺的食道不可能這麼長，但如果他是指整條腸子的話倒有可能。鮑德納（1666）中的注解說，史特拉斯堡的厄爾為「兩英尺長，但一英尺比英國的英尺短一點」，這只讓人更加覺得混淆。

4. Best (2005).
5. Henry (1903).
6. Merton et al. (1984).
7. Brumm (2009).
8. Cole (1944: 433).
9. Pumphrey (1948: 194).
10. Thorpe (1961); Marler and Slabbekoorn (2004).
11. 耐人尋味的是，在目前的情況下，*pinna* 的意思是羽毛，之前為何和哺乳類的耳朵有關則不得而知。
12. 值得探討的例外則是山鷸屬 *Scolopax* spp. 這一類鳥，耳孔的位置較低，也在眼睛前面，可能是因為牠們的大眼睛占了不少空間，只有這個地方可以放耳朵。

13. 耳覆羽看起來閃亮，因為這些羽毛沒有一般的羽小枝，也就是把其他羽毛抓握在一起的小勾。
14. Sade et al. (2008).
15. http://www.nzetc.org/tm/scholarly/tei-Bio23Tuat01-t1-body-d4.html
16. 柯爾（1944: 111）在批評法布里修斯十七世紀對耳朵做出的說明時提出了相同的觀點。「他（法布里修斯）也沒想到耳廓或許是哺乳類動物新的構造特點。雖然，因此有依據去調查有些哺乳類動物為何沒有耳廓，卻沒有機會能解釋鳥類、爬蟲類和魚類為何從來沒有耳廓。」
17. Saunders et al. (2000)，在 Marler and Slabbekoorn (2004: 207) 中引述。
18. Bob Dooling，私人通訊。
19. Pumphrey (1948).
20. Walsh et al. (2009).
21. White (1789).
22. Dooling et al. (2000).
23. Lucas (2007).
24. Hultcrantz et al. (2006); Collins (2000).
25. Dooling et al. (2000).

26. Marler (1959).
27. Tryon (1943).
28. Mikkola (1983).
29. Konishi (1973)：臉盤能讓聚集的聲音提高約十分貝。
30. Pumphrey (1948); Payne (1971); Konishi (1973).
31. Konishi (1973).
32. Konishi (1973).
33. Hulse et al. (1997).
34. Morton (1975).
35. Handford and Nottebohm (1976).
36. Hunter and Krebs (1979).
37. Slabbekoorn and Peet (2003); Brumm (2004); Mockford and Marshall (2009).
38. Naguib (1995).
39. Ansley (1954).
40. Vallet et al. (1997); Draganuoi et al. (2002).
41. Dijkgraaf (1960).

42. Griffin (1958).
43. Galambos (1942).
44. 有些蝙蝠能聽到更高的頻率：微小的短耳三葉鼻蝠 *Cloeotis percivali*（只有四克重）可以聽到二百千赫的頻率 (Fenton and Bell, 1981)。
45. Griffin (1976).
46. Humboldt，在Griffin (1958: 279) 中引述。
47. Griffin (1958).
48. Griffin (1958: 289；另請參見 Konishi and Knudsen, 1979) – 葛萊芬一定寫錯了：頻率大約為二千赫。
49. Griffin (1958).
50. Konishi and Knudsen (1979).
51. Griffin (1958: 291).
52. Ripley，在 Griffin (1958) 中引述。
53. Novick (1959).
54. Pumphrey，在 Thomson (1964: 358) 中引述。

第三章 觸覺

1. 比利或許聽到了我女兒的腳步聲，或許也能感覺得到。鳥類在腳上和腿上有特殊的振動偵測器 (Schwartzkopff, 1949)，鳥類可能就靠這些偵測器感受到樹枝的振動，在更糟的情況下還能「預料到」地震。
2. 我們對碰觸最敏感的區域在指尖和嘴唇，接下來則是生殖器，但敏感程度比較低。
3. 小型鳥類嘴中觸覺感受器的相關文獻不多，但柏考特（私人通訊）告訴我，他檢查過斑胸草雀，找到了許多觸覺感受器，包括梅克爾細胞感受器、雙列梅克爾細胞感受器和許多赫伯斯特氏小體，表示牠們的喙尖非常敏感。
4. 古戎（1869）稱之為巴齊尼氏小體，最早在一七四〇年代由法特在人類指頭中發現，卻被誤認為由巴齊尼在一八三一年發現，（其他人）以他的名字命名。
5. Berkhoudt (1980).
6. Goujon (1869).
7. Berkhoudt (1980).
8. 引言來自考布（一八五九至一九三二），線蟲研究的創始人。
9. Berkhoudt (1980).
10. 英國皇家學會似乎遺失了克萊頓的畫作；蔻特幫我找過，但沒找到。培里（《自然神學》，一八〇二年出版，第一二八至一二九頁）後來用克萊頓的資訊，再加上他自己的相關畫作，來證實上帝的智慧。培里抄襲了雷的《上帝的智慧》（一六九一）和德漢的《物理－神學》（一七一三）：德漢引述了克萊頓的著作，或許也看過他畫的鴨嘴裡的神經。

11. Berkhoudt (1980).
12. H. Berkhoudt，私人通訊。
13. Krulis (1978); Wild (1990).
14. H. Berkhoudt，私人通訊。「觸覺」有許多不同層面的概念，反映不同類型的感受器。最簡單的為游離神經末梢，偵測疼痛和溫度變化；比較複雜一點的是梅克爾觸覺細胞（偵測壓力），再來則是格蘭德利氏小體，包括二到四個觸覺細胞，能偵測活動（速度）；還有薄形的赫伯斯特氏小體（類似哺乳類的法特－巴齊尼氏小體），對加速度非常敏感。
15. Brooke (1985)；哈里斯從未看過崖海鴉異體理毛後能去掉壁蝨，就算加了假壁蝨也不會讓崖海鴉異體理毛（哈里斯，私人通訊）。
16. Radford (2008).
17. Stowe et al. (2008).
18. Senevirante and Jones (2008).
19. Carvell and Simmons (1990).

20. Thomson (1964).

21. Pfeffer (1952); Necker (1985). 和纖羽有關的感受器加上鳥類皮膚中無數的其他觸覺感受器非常重要，在鳥兒飛行時可保持羽毛的光滑。的確，鳥類皮膚中的觸覺感受器比哺乳類多，飛鳥每單位面積的感受器也比不會飛的鳥多，表示在飛行時這些感受器扮演很重要的角色 (Homberger and de Silva, 2000)。

22. Senevirante and Jones (2010).

23. 牠們也能用嗅覺和味覺偵測獵物（見第四章和第五章）；另請參見 Gerritsen et al. (1983)。

24. Piersma (1998).

25. Parker (1891)；另請參見 Cunningham et al. (2010) 和 Martin et al. (2007)。

26. Buller (1873: 362, 2nd edition).

27. 包括：黑腹濱鷸 *C. alpina*、西濱鷸 *C. mauri* 和姬濱鷸 *C. minutilla*；Piersma et al. (1998)。

28. McCurrich (1930: 238).

29. Coiter (1572).

30. 布朗爵士（約為 1662），《諾福克的鳥》，見 Sayle (1927)。

31. 跟隨威勞比和雷（Ray, 1678）的腳步，許多解剖學家和博物學家解剖了啄木鳥，對牠們奇特的舌頭嘖嘖稱奇。包括 Jacobaeus (1676)、Perrault (1680)、Borelli (1681)、Mery (1709)、Waller

(1716)，在 Cole (1944) 中皆有引述。

32. Buffon (1780: vol. 7).

33. Villard and Cuisin (2004).

34. Fitzpatrick et al. (2005); Hill (2007). 或是脫落羽毛中的DNA也是另一項證據。

35. Wilson (1804 – 14: vol. 2).

36. Audubon (1831–9).

37. Audubon (1831–9).

38. Martin Lister，由Ray (1678) 引述；Drent (1975).

39. Lea and Klandorf (2002).

40. Drent (1975); Jones (2008)；和瓊斯，私人通訊。

41. Alvarez del Toro (1971).

42. Friedmann (1955)；史波提絲伍德曾在她尚比亞的研究樣區裡，帶我見識嚮蜜鴷幼雛殺死小蜂虎雛鳥的情況。

43. Jenner (1788); Davies (2000); White (1789).

44. Davies (1992).

45. Wilkinson and Birkhead (1995).

46. Ekstrom et al. (2007).
47. Burkhardt et al. (2008: vol. 16 (1): 199).
48. Lesson (1831); Sushkin (1927); Bentz (1983).
49. Winterbottom et al. (2001).
50. Komisaruk et al. (2006, 2008).
51. Edvardsson and Arnqvist (2000).

第四章　味覺

1. 達爾文（1871）的性擇想法包括兩部分：雄性競爭和雌性選擇。達爾文認為雌性選擇能夠解釋雄性和雌性之間羽色明亮度的差異。相反地，雄性競爭則能解釋體型和配備的差別。辛斯頓（1933）則認為明亮的顏色或許有威脅作用，因此也透過雄性競爭來演化。貝克和帕克（1979）則認為這個想法不符合邏輯。
2. 出自「達爾文通信計畫」，Burkhardt et al. (2008)。
3. Weir (1869, 1870)，參見 Burkhardt et al. (2008: 16 (2): 1175) 和 Burkhardt et al. (2009: 17: 115–16); 威克隆德，私人通訊，(2009); Järvi et al. (1981); Wiklund and Järvi (1982). 另有一個引人深思的例子來說明鳥類具有味覺：希臘作家修昔底德記述，西元前四百年一場侵襲雅典的淋巴腺

鼠疫（黑死病）帶來相當沉重的壓力。修昔底德告訴我們，和其他疫情不一樣，吃屍骸的鳥類會避開那些未埋葬的屍體，要是吃了就死了。雖然沒有確鑿的證據，卻暗示鳥類具有味覺或嗅覺，可能也學得很快（J. Mynott，私人通訊）。

4. Newton (1896); del Hoyo et al. (1992: vol. 1).

5. Malpighi (1665); Bellini (1665); Witt et al. (1994).

6. Rennie (1835). 蒙塔古（1802）是鳥類學家；布魯門巴赫（一七五二至一八四〇）是人類學家和解剖學家，以解剖鴨嘴獸的研究而出名。Blumenbach (1805 – 英文翻譯本，1827, p. 260)。

7. Newton (1896). 他的看法或許來自偉大的德國解剖學家梅克爾，梅克爾在一八八〇年明確指出鳥類沒有味蕾。很奇怪，因為當時的人已經知道魚類、兩棲類、爬蟲類和哺乳類都有味蕾。令人喪氣的是紐頓沒提出證明，大家都不知道他是否讀過梅克爾的著作，不過很有可能他聽說過梅克爾的看法。

8. Moore and Elliot (1946).

9. Berkhoudt (1980; 1985) and H. Berkhoudt，私人通訊。

10. Botezat (1904); Bath (1906).

11. Berkhoudt (1985).

12. Brooker et al. (2008).

13. Rensch and Neunzig (1925).
14. Hainsworth and Wolf (1976); Mason and Clark (2000); van Heezik et al. (1983).
15. Jordt and Julius (2002); Birkhead (2003).
16. Kare and Mason (1986).
17. Beehler (1986); Majnep and Bulmer (1977).
18. J. Dumbacher，私人通訊。
19. J. Dumbacher，私人通訊。
20. Dumbacher et al. (1993). 敦巴徹討論個人工作的影片可在 http://www.calacademy.org/science/heroes/jdumbacher/ 找到。
21. Audubon (1831–9).
22. 埃斯卡蘭特和戴利（1994）引述了阿茲特克世界（哥倫布發現美洲大陸前的墨西哥）（年份為一五四〇到一五八五）的動植物相記述，其中提到不可食用的紅色鳥，「似乎就是紅頭蟲鶯 *Ergaticus ruber*」。埃斯卡蘭特和戴利（1994）從鳥兒的羽毛裡萃取出生物鹼。
23. Cott (1940)；另請參見 Anon (1987)。
24. Cott (1947).
25. Cott (1945).

26. 考特特別讚許兩個人：「梅納次哈根上校和偉賽費茲吉拉德先生……許多具有原創性的觀察，最偉大、最和人類息息相關的，都靠他們兩人繼續向前。」噢，天啊！我不知道考特是否因為這兩人而誤入歧途。後來大家發現，獲頒勳章的梅納次哈根上校一生都在說謊；近代的傳記描述他是一個超級大騙子。他追求別人的注意到了病態的程度，做過、說過或寫過的每件事都是為了提高自我形象（Garfield, 2007）。偉賽費茲吉拉德也不值得信任，他是《田野》的編輯，寫過非常多自然史書籍，包括一九五〇年代以鳥類為主題的小瓢蟲童書，一九四九年，著名的鳥類學家哈特利教士（Hartley, 1947）揭穿了他剽竊的事情。其他鳥類學家都不怎麼看得起偉賽費茲吉拉德，有人告訴我他是個「什麼都可以扯的吹牛鬼」。

第五章　嗅覺

1. 多斯桑托斯的故事被佛萊德曼（1955）引述。
2. Audubon (1831–9)，奧杜邦這裡一定是指歐文解剖紅頭美洲鷲的事情。
3. Gurney (1922: 240).
4. Audubon (1831–9).
5. 事實上，查普曼確實有所保留，因為他注意到用綠頭鴨實驗時，靠近的方向確實有關係——當然，雖然獵人的說法相反，但難處在於他們無法排除視覺和聽覺。庫伊司（一八四二至一八九九）是外科醫生兼鳥類學家。

6. 這是十八世紀末期研究人員用來確認結果的方法——不一定會成功（見Schickore, 2007: 43）。

7. 辯論在《勞登雜誌》上進行 (Gurney, 1922)。瓦特頓在圭亞那的時候，他把他的技術教給叔叔的一名奴隸愛德蒙斯頓。愛德蒙斯頓後來成為自由之身，在愛丁堡從事動物標本剝製，又把他的技術教給當時才十幾歲的達爾文去剝鳥皮。

8. 解剖過這兩種鳥後，證實了牠們都有鼻腔（參見 Bang 1960, 1965, 1971）；Stager (1964, 1967)。

9. 阿魏酊也叫作魔鬼的糞便，是一種氣味強烈的物質，從繖形花科植物「阿魏」*Ferula asafoetida* 中萃取出來，能取微量來調味烏斯特辣醬油，獵人也拿來當作誘餌！也會用在灌腸劑，同時是小兒疾病的民俗療藥：Hill (1905)。

10. 偷乳酪，Gurney (1922)；赤腹山雀（Koyama, 1999; S. Koyama，私人通訊）；「滌淨」出自 Gurney (1922)。

11. Tomalin (2008)：哈代會把真實事件寫在他的故事裡。

12. 這個故事記述在《威爾特郡考古雜誌》裡，一八七三年，第十八期，第二九九頁，在 Gurney (1922) 中引用。

13. Gurney (1922: 234).
14. Owen (1837).
15. Gurney (1922: 277) 指好幾項解剖研究。
16. Gurney (1922).
17. 引述 Gurney (1922) 當作證據。
18. 經典教科書如格哈瑟的《動物學特質：鳥類》（1950）和馬夏爾的《鳥類比較生理學》（1961）重申同樣的負面看法。即便是較晚近出版、內容極佳的《世界鳥類手冊》，也說除了幾種鳥外，大多數鳥的嗅覺都很差 (del Hoyo et al., 1992)。
19. Taverner (1942).
20. 單數名詞 = concha，不過這些結構成對出現，分別位於鼻子兩側。
21. Van Buskirk and Nevitt (2007); Jones and Roper (1997).
22. 根據她女兒莫莉所述，在 Nevitt and Hagelin (2009) 中引用。
23. Wenzel (2007).
24. 他們的研究提到了「一百零八」種，但他們把原鴿 *Columba livia* 跟野鴿 *Columba livia* 重複算了兩次，事實上這是同一種鳥。
25. 嚴格來說，是嗅球最長直徑和同一側大腦半球最長直徑的比例。

26. Bang and Cobb (1968).

27. Clark et al. (1993)；另請參見 Balthazart and Schoffeniels (1979)：目前大家似乎都認為，很大的嗅球確實表示嗅覺不錯，但很小的嗅球則不一定表示嗅覺不佳。還有很多問題有待解答。

28. Bang and Cobb (1968).

29. Stager (1964); Bang and Cobb (1968). 今日的家用瓦斯也加了乙硫醇，以便偵測是否外洩。

30. Bang and Cobb (1968)，根據之前 Bumm (1883) 和 Turner (1891) 的研究。

31. S. Healy，私人通訊。

32. Harvey and Pagel (1991) 提出了比較研究中處理相對生長的方法。

33. Verner and Willson (1966)；另請參見 Harvey and Pagel (1991)。

34. Harvey and Pagel (1991) 提出了比較研究中處理系統發生史的方法。

35. Healy and Guilford (1990).

36. Healy and Guilford (1990) 使用了 Bang and Cobb (1968) 和 Bang (1971) 的結果，總共有一百二十四種。

37. Corfield et al. (2008b).

38. Corfield (2009).

39. Steiger et al. (2008). 這項研究中的九種鳥為藍山雀、黑胸鴉鵑、褐鷸鴕、金絲雀、粉紅鳳頭鸚鷸、紅原雞、鴞鸚鵡、綠頭鴨和雪鸌。斯泰格和合著者指出，鳥兒的嗅球區域和嗅覺基因的總數相對來說都比較大時，就具備了卓越的嗅覺，反之則不一定成立。

40. Fisher (2002).
41. Newton (1896).
42. Owen (1879).
43. Jackson (1999: 326).
44. Benham (1906).
45. Wenzel (1965).
46. Wenzel (1968, 1971)：按今日的標準來說，只測量兩隻鳥似乎不夠，不過當時的生理學家做法都差不多。
47. Wenzel (1971).
48. Wenzel (1971).
49. Aldrovandi (1599–1603); Buffon (1770–83).
50. Montagu (1813).
51. Gurney (1922).
52. Bang and Cobb (1968).

53. Bang and Wenzel (1985).
54. B. Wenzel，私人通訊。
55. Loye Miller (1874–1970).
56. 或許應該稱為「浮餌」？撒餌多半用來在捕魚時吸引鯊魚或其他魚類；要把切碎的餌或碎魚肉丟進海裡。
57. Wisby and Halser (1954).
58. Jouventin and Weimerskirch (1990).
59. Grubb (1972).
60. Hutchinson and Wenzel (1980).
61. G. Nevitt，私人通訊。
62. G. Nevitt，私人通訊。
63. Bonadonna et al. (2006).
64. Collins (1884).
65. Nevitt et al. (2008).
66. Fleissner et al. (2003); Falkenberg et al. (2010).
67. Freidmann (1955) 引述。

第六章　磁覺

1. Gill et al. (2009).
2. 洛克里和拉克一定都很熟悉二十世紀初在加勒比海對燕鷗做的一些移位研究（參見 Watson (1908) 和 Watson and Lashley (1915)；另請參見 Wiltschko and Wiltschko (2003)）。卡洛萊的故事請參見 Lockley (1942)。
3. Lockley (1942).
4. Brooke (1990).
5. Brooke (1990).
6. Guilford et al. (2009).
7. 遷移性焦躁也叫作 *Zugunruhe*，這是德文，原本眾人以為由德國鳥類學家發現：並非如此。發現的人是法國人，姓名無從得知：參見Birkhead (2008)。
8. Birkhead (2008)：基本設計已經有所改變。
9. Middendorf (1859); Viguier (1882). 地球是一塊大磁鐵，「磁力線」從南極離開地球，從北極重新進入。在赤道上，磁力線和地球的表面平行，但在靠近兩極的地方則比較陡峭。磁場的力道（強度）在地球表面當然也有變化。加總起來，磁力線的角度和磁場的強度創造出某些地點的獨有「磁場特徵」，有磁地圖的動物或許可以用這些特徵來確定地點。一九八〇年代，曼徹斯特大學的貝克用大學部學生做了一些實驗，至少對他來說可以看得出磁覺，不過科學界都不太接受他的結果。

10. Thomson (1936).
11. Griffin (1944).
12. 其實更為複雜：鳥兒同時用恆星和磁場：Wiltschko and Wiltschko (1991)。
13. Lohmann (2010).
14. Lohmann (2010).
15. Wilstchko and Wiltschko (2005); Fleissner et al. (2003); Falkenberg et al. (2010).
16. Ritz et al. (2000).
17. 雙重感受器的假設頗受爭議，無法為所有的生物學家接受，到目前為止其機制也都是假設性的。

第七章　情感

1. Darwin (1871); Skutch (1996: 41); Gardiner (1832).
2. 亞里斯多德記錄到了分散掠食者注意力的表現：見Armstrong (1956)。
3. Tinbergen (1951); McFarland (1981: 151)：另請參見 Hinde (1966, 1982)。

4. Griffin (1992) 提出了「認知動物行為學」的術語，開啟了新的領域。
5. Gadagkar (2005).
6. Singer (1975); Dunbar and Shultz (2010).
7. 另外兩個則是：宇宙如何開始？以及生命如何開始？這兩個問題已經有合理的概念，不過就意識來說，我們還沒離開起點。關於最新的人類意識概論，見 Lane (2009)。
8. Rolls (2005); Paul et al. (2005); Cabanac (1971).
9. 二〇〇七年，我在斯科默島的田野助理蜜德看到一隻被我們上了色環的崖海鴉被大黑背鷗殺死。那年的兔子很少，而兔子正是大黑背鷗平常的主食。
10. Birkhead and Nettleship (1984).
11. K. Ashbrook，私人通訊。
12. Ashbrook et al. (2008); M. P. Harris，私人通訊。
13. Gould (1848).
14. Heinsohn (2009).
15. Tinbergen (1953).
16. Cockrem and Silverin (2002).
17. Cockrem (2007).

18. Shuett and Grober (2000).
19. Carere et al. (2001).
20. Bentham (1798).
21. Braithwaite (2010: 78).
22. J. Cockrem，私人通訊。
23. Bolhuis and Giraldeau (2005).
24. 《周日泰晤士報》（倫敦版），二〇〇六年十二月十四日。
25. Gentle and Wilson (2004). 小雞剪喙的年齡愈小，恢復速度愈快，看似愈不痛苦，因此養雞場多半在一天大的時候就剪喙。用紅外線熱力剪喙比較不痛，有些地方則開始立法禁止剪喙。參見：http://www.poultryhub.org/index.php/Beak_trimming
26. 有些藥物也有同樣的效果。
27. Young and Wang (2004).
28. E. Adkins-Regan，私人通訊。
29. Zeki (2007):「根據愛情的世界文學來判斷，浪漫的愛情在根本上有一個概念：聯合。在熱情升到最高點時，愛人的欲望便是要聯合在一起，消除兩人之間的距離。性愛結合則是人類最接近這種聯合狀態的方式。」

30. Lack (1968); Birkhead and Møller (1992).
31. Dunbar and Shultz (2010); Dunbar (2010).
32. Harrison (1965).
33. Nelson (1978: 111).
34. Catchpole and Slater (2008).
35. Brown et al. (1988). 其他合作生殖的鳥會群體展示，例如白翅澳鴉會一起沙浴，阿拉伯鶇鶥在清晨和黃昏時會跳引人注目的「團體舞蹈」，「鳥兒彼此緊壓，用身體擠伴侶，很奇怪的瘋狂舉動」。
36. Keverne et al. (1989)；另請參見 Dunbar (2010); I. Pepperberg，私人通訊；她要強調，這些都只是軼事觀察。
37. Cabanac (1971).

後記

1. Heppner (1965).
2. Montgomerie and Weatherhead (1997).
3. Simmons et al. (1988).

4. Gould, S. J. (1985).

5. Rosenblum (2010).

6. 雞隻實驗：Pizzari et al. (2003)；看到沒看過的母雞，精液量就增加，稱為柯力芝效應（用美國總統柯力芝的名字命名）：故事說「總統和柯力芝夫人去參觀實驗性的政府農場（兩人被分開了）。（柯力芝夫人）走進雞舍時，她注意到有隻公雞一直交配。她問隨從，交配的頻率多高，答案是『每天都幾十次』。柯力芝夫人說：『等總統來時告訴他吧。』聽到這件事的時候，總統問：『每次都同一隻母雞？』答案來了：『噢，不是，總統先生，每次都是不一樣的母雞。』總統說：『告訴柯力芝夫人吧。』」(Dewsbury, 2000)。翻石鷸：Whitfield (1987)；鴿子：Jitsumori et al. (1999)。

7. Roseblum (2010).

8. Roseblum (2010).

詞彙表

一雄多雌制 一種交配系統，雄性有一個以上的雌性伴侶：一種多配制。其他的交配系統還有單配制，一雄一雌配成對，以及一雌多雄，雌性有一個以上的雄性伴侶。

下視丘 腦中控制消化和生殖系統以及調節許多行為（例如吃東西）的腺體。

內分泌系統 分泌荷爾蒙（化學訊號物質）到血流中的腺體系統。

中央窩 眼睛後方視網膜中的凹洞；視力最好的區域。

自動機器 自行操作的機器。

耳底膜 在內耳耳蝸內的硬膜，上有聽覺會用到的感覺毛（毛細胞）。

耳咽管 連接喉嚨到中耳的管子。

耳蝸 內耳中瘦長的部分，通常會捲起（哺乳類動物會，鳥類的不會），含有接收聲音的細胞。

行為生態學 在生態學和演化架構內的行為研究。

光感覺細胞 光感受器——桿狀和錐狀；位於眼睛視網膜的特定細胞。

系統效應 如果某分類群（比如同屬或同科）的所有成員都展現出同樣的特質（例如窩卵數或尾

羽的數目），就叫作系統效應，表示同類下的所有成員都具備這種特質，是因為擁有共同的祖先。

泄殖腔突出　雄馬島鸚鵡在交配時插入雌鳥的泄殖腔區域，以便在交配時能夠栓結。

定位裝置　一種迷你光量記錄器，用來追蹤動物的活動。原理是記錄黎明和黃昏的時間，來估計出經緯度。

振幅　聲音的音量，用聲波中的能量來測量。

恩倫漏斗　也叫作定向籠；用來研究鳥類的遷徙行為。由恩倫父子在一九六〇年代發明，並用他們的名字命名，漏斗型的圓籠子下面有印台和紙牆，鳥兒會留下墨水足跡，指出遷徙行為的方向和強度。

神經激素　從特定神經細胞（神經分泌細胞）分泌到血液中的荷爾蒙，而不是從內分泌腺釋放到血液中。一個例子是在大腦中製造的催產素。

格蘭德利氏小體　在鳥喙和舌頭上的觸覺感受器。

梳膜　皺摺或像梳子的結構，位於鳥類眼後房。

衰減　聲音強度隨著距離變遠而減退。

異體理羽　幫另一隻鳥整理羽毛；在哺乳類身上叫作「互相理毛」。

巢寄生　將蛋寄生在其他種鳥的巢裡以享受親鳥照顧的鳥（如大杜鵑）。

眼底 眼睛後方內凹的那一側。

側化 習慣使用一眼或一手，少用另一邊。

雀形目鳥類 也叫作鳴禽，但比較不精確。雀形目包含一半以上的鳥種（對比：非雀形目）；包括真正的鳴禽和鳴禽亞目，後者如新大陸的霸鶲類。

陰莖狀器官 兩種牛文鳥具備的似陰莖結構，雄鳥的比雌鳥的大，位於泄殖腔前緣。

視力 指視覺的鮮明度或影像的空間解析度。

視敏度 能在低光源下分辨物體的能力。

黃斑部 眼睛視網膜上包含中央窩的區域。

嗅覺缺失 沒有嗅覺；聞不到味道。

鼻甲 見「鼻甲骨」。

鼻甲骨 在鳥喙內的卷形薄骨頭，上面蓋了一層薄組織（鼻黏膜），其中有嗅覺感受器。

嘴鬚 靠近嘴邊（嘴裂）像毛髮一樣的硬羽毛。

銘印 一種學習型態，通常出現在個體生命早期的特定時間內（敏感期）。子代的銘印就是子代學習父母是誰的時刻；性銘印則是個體學習後續選擇性伴侶時會用上的特質，通常由觀察父母親而習得。

赫伯斯特氏小體 在鳥皮膚和嘴喙上的觸覺感受器，通常比格蘭德利氏小體大。

孵卵斑 鳥兒腹部上沒有羽毛的地帶，透過此處傳熱孵卵。可能有一塊、兩塊或三塊孵卵斑。

廓羽 覆蓋身體的最外層羽毛。

擬人化 把人類的特質歸在其他動物身上。

瞬膜 鳥類和其他脊椎動物的第三層透明或半透明眼瞼；哺乳類動物身上則很少見。

聲音的衰減 鳥鳴（和其他聲音）隨著距離變遠會因為風力和植被而愈來愈小聲；因此，離聲音來源愈遠，聲音愈聽不清楚。

聲譜圖 用聲譜儀產生聲音的圖形，縱軸表示頻率（或音高），橫軸標記持續時間；用來分析鳥鳴。

難吃的昆蟲 吃起來味道不好或有毒的昆蟲，刺到也很痛。

警戒色 明顯的花樣圖案，表示動物的毒性。

聽力圖 也稱為聽力曲線。在橫軸上標示頻率和聽力等級（單位是分貝）的圖表，縱軸則標示從最大聲到最小聲；特別用來說明能聽見的最小聲音。

纖羽 毛髮狀羽毛；數種羽毛中的一種。

中英對照表

鳥名

二畫

刀嘴海雀 razorbill (*Alca torda*)

三畫

小紅鸛 lesser flamingo (*Phoenicopterus minor*)

小辮鴴 lapwing (*Vanellus vanellus*)

小蜂虎 bee-eater (*Merops pusillus*)

小響蜜鴷 lesser honeyguide (*Indicator minor*)

大杜鵑 cuckoo (*Cuculus canorus*)

大紅鸛 greater flamingo (*Phoenicopterus roseus*)

大斑啄木 great spotted woodpecker (*Dendrocopos major*)

大西洋鸌 Manx shearwater (*Puffinus puffinus*)

大麻鷺 bittern (*Botaurus stellaris*)

大鴇 great bustard (*Otis tarda*)

大鸌 greater shearwater (*Puffinus gravis*)

大黑背鷗 great black-backed gull (*Larus marinus*)

山鷸 woodcock (*Scolopax rusticola*)

三趾鷗 kittiwake (*Rissa tridactyla*)

三聲夜鷹 whippoorwill (*Antrostomus vociferus*)

四畫

日鷉 sungrebe (*Heliornis fulica*)

水鳥 shorebird

五畫

白翅澳鴉 white-winged chough (*Corcorax melanoramphos*)

白尾海鵰 white-tailed sea eagle (*Haliaeetus albicilla*)

白胸鳾 white-breasted nuthatch (*Sitta carolinensis*)

白頰山雀 great tit (*Parus major*)

白腰草鷸 green sandpiper (*Tringa ochropus*)

白腰叉尾海燕 Leach's petrel/Leach's storm petrel (*Oceanodroma leucorhoa*)
卡羅萊納鷦鷯 Carolina wren (*Thryothorus ludovicianus*)
卡羅萊納長尾鸚鵡 Carolina parakeet (*Conuropsis carolinensis*)
北方鰹鳥 northern gannet (*Morus bassanus*)
北美黑啄木 pileated woodpecker (*Dryocopus pileatus*)
北美小嘲鶇 mockingbird (*Mimus polyglottus*)
北雀鷹 sparrowhawk (*Accipiter nisus*)
北撲翅鴷 northern flicker (*Colaptes auratus*)
北極燕鷗 Arctic tern (*Sterna paradisaea*)
穴金絲燕 cave swiftlet (*Collocalia linchi*)
瓜德路普啄木 Guadeloupe woodpecker (*Melanerpes herminieri*)
田鷸 snipe (*Gallinago gallinago*)

六畫

安地斯冠傘鳥 Andean cock-of-the-rock (*Rupicola peruvianus*)
西濱鷸 western sandpiper (*Calidris mauri*)
灰伯勞 great grey shrike (*Lanius excubitor*)
灰林鴞 tawny owl (*Strix aluco*)
灰翅鷗 Glaucous-winged gull (*Larus glaucescens*)
灰鶴 crane (*Grus grus*)
灰鸌 sooty shearwater (*Puffinus griseus*)
地啄木 wryneck (*Jynx torquilla*)

七畫

赤腹山雀 varied tit (*Poecile varius*)
呆頭伯勞 loggerhead shrike (*Lanius ludovicianus*)

八畫

雨燕 swift (*Apus apus*)
林岩鷚 dunnock (*Prunella modularis*)
林鴟 potoo

林戴勝 woodhoopoe (*Phoeniculus* ssp.)
松鴉 Eurasian jay (*Garrulus glandarius*)
松雞 capercaillie (*Tetrao urogallus*)
始祖鳥 Archaeopteryx
河烏 dipper (*Cinclus* ssp.)
虎皮鸚鵡 budgerigar (*Melopsittacus undulatus*)
長腳秧雞 corncrake (*Crex crex*)
長尾林鴞 Ural owl (*Strix uralensis*)
長尾蜂鳥 long-tailed sylph / sylph hummingbird (*Aglaiocercus kingii* / *Aglaiocercus coelestis*)
長耳鴞 long-eared owl (*Asio otus*)
長眉企鵝 macaroni penguin (*Eudyptes chrysolophus*)
油鴟 oilbird (*Steatornis caripensis*)
夜歌鴝 nightingale (*Luscinia megarhynchos*)
夜鷹 nightjar
東亞鵪鶉 Japanese quail (*Coturnix japonica*)
非洲灰鸚鵡 African grey parrot (*Psittacus erithacus*)
花雀 brambling (*Fringilla montifringilla*)
阿拉伯鶇鶥 Arabian babbler (*Turdoides squamiceps*)
紅頂嬌鶲 red-capped manakin (*Ceratopipra mentalis*)
紅領帶鵐 rufous-collared sparrow (*Zonotrichia capensis*)
紅腹濱鷸 red knot (*Calidris canutus*)
紅腹灰雀 bullfinch (*Pyrrhula pyrrhula*)
紅嘴牛文鳥 red-billed buffalo weaver (*Bubalornis niger*)
紅頭蟲鶯 red warbler (*Ergaticus ruber*)
紅頭美洲鷲 turkey buzzard/turkey vulture (*Cathartes aura*)
紅背伯勞 red-backed shrike (*Lanius collurio*)
紅交嘴雀 common crossbill (*Loxia* ssp.)
紅管舌雀 Hawaii akepa (*Loxops coccineus*)
紅原雞 red jungle fowl (*Gallus gallus*)
美洲金翅雀 American goldfinch (*Carduelis tristis*)
美洲鵰鴞 great horned owl (*Bubo virginianus*)
美洲鰭趾鷉 South American finfoot (*Heliornis fulica*)
美洲鷲 New World vulture

九畫

皇帝企鵝 emperor penguin (*Aptenodytes forsteri*)
冠傘鳥 cock-of-the-rock
星鴉 nutcracker (*Nucifraga caryocatactes*)
流蘇鷸 ruff (*Philomachus pugnax*)
神鷲 condor (*Vultur gryphus*)
度度鳥 dodo (*Raphus cucullatus*)

十畫

南島褐鷸鴕 South Island brown kiwi (*Apteryx australis*)
南極鋸鸌 Antarctic prion (*Pachyptila desolata*)
姬啄木 piculet
姬濱鷸 least sandpiper (*Calidris minutilla*)
海鸚 puffin (*Fratercula arctica*)
紋腹鷹 sharp-shinned hawk (*Accipiter striatus*)
烏林鴞 great grey owl (*Strix nebulosa*)
倉鴞 barn owl (*Tyto alba*)
家麻雀 house sparrow (*Passer domesticus*)
秧雞 rail
粉紅鳳頭鸚鵡 galah (*Eolophus roseicapilla*)
旅鶇 American robin (*Turdus migratorius*)
隼 kestrel (*Falco* ssp.)
高蹺鴴 black-winged stilt (*Himantopus himantopus*)
鬼鴞 boreal owl/Tengmalm's owl (*Aegolius funereus*)
馬島鸚鵡 greater vasa parrot (*Coracopsis vasa*)

十一畫

崖海鴉 common guillemot (*Uria aalge*)
魚鷹 osprey (*Pandion haliaetus*)
國王企鵝 king penguin (*Aptenodytes patagonicus*)
雪鸌 snow petrel (*Pagodroma nivea*)
野鴿 rock dove/feral pigeon (*Columba livia*)

十二畫

黑喉綠林鶯 black-throated green warbler (*Dendroica virens*)

黑頂山雀 black-capped chickadee (*Poecile atricapillus*)
黑額簇山雀 tufted titmouse (*Baeolophus bicolor*)
黑尾鷸 black-tailed godwit (*Limosa limosa*)
黑喉響蜜鴷 greater honeyguide (*Indicator indicator*)
黑頭林鵙鶲 hooded pitohui (*Pitohui dichrous*)
黑林鵙鶲 black pitohui (*Pitohui nigrescens*)
黑美洲鷲 black vulture (*Coragyps atratus*)
黑腳信天翁 black-footed albatross (*Phoebastria nigripes*)
黑雁 brent geese (*Branta bernicla*)
黑背鐘鵲 Australian magpie (*Gymnorhina tibicen*)
黑腹濱鷸 dunlin (*Calidris alpina*)
黑胸鴉鵑 black coucal (*Centropus grillii*)
斑魚狗 pied kingfisher (*Ceryle rudis*)
斑尾鷸 bar-tailed godwit (*Limosa lapponica*)
斑胸草雀 zebra finch (*Taeniopygia guttata*)
斑胸秧雞 spotted crake (*Porzana porzana*)
斑翅藍彩鵐 blue grosbeak (*Passerina caerulea*)
斑鳩 ringed dove (*Streptopelia* ssp.)
傘鳥 bellbird
椋鳥 starling (*Sturnus vulgaris*)
雲雀 skylark
短耳鴞 short-eared owl (*Asio flammeus*)
畫眉類 babbler
喜鵲 magpie
渡鴉 raven (*Corvus corax*)
絲背鵯 hairy-backed bulbul (*Tricholestes criniger*)
象牙嘴啄木 ivory-billed woodpecker (*Campephilus principalis*)
普通鵪鶉 common quail (*Coturnix coturnix*)
棕斑鳩 palm dove (*Spilopelia senegalensis*)
棕櫚鬼鴞 saw-whet owl (*Aegolius acadicus*)

十三畫

新幾內亞天堂鳥 Raggiana birds of paradise (*Paradisaea raggiana*)

新喀鴉 New Caledonian crow (*Corvus moneduloides*)
鳳冠雉 currasow (*Crax* ssp.)
鳳頭黃眉企鵝 rockhopper penguin (*Eudyptes chrysocome*)
楔尾鵰 wedge-tailed eagle (*Aquila audax*)
遊隼 peregrine falcon (*Falco peregrinus*)
塚雉 brush turkey/malleefowl/talegalla/maleo/scrub-fowl

十四畫

褐刺嘴鶯 brown thornbill (*Acanthiza pusilla*)
褐鷸鴕 brown kiwi (*Apteryx mantelli*)
褐隼 brown falcon (*Falco berigora*)
瘤鵠 mute swan (*Cygnus olor*)
歌鴝 robin-chat
銀喉長尾山雀 bottle tit/long-tailed tit (*Aegithalos caudatus*)
銀鷗 herring gull (*Larus argentatus*)
緞藍亭鳥 satin bowerbird (*Ptilonorhynchus violaceus*)
綠頭鴨 mallard duck (*Anas platyrhynchos*)
綠林戴勝 African green woodhoopoe (*Phoeniculus purpureus*)
裸頸果傘鳥 bare-necked fruit crow (*Gymnoderus foetidus*)
歐亞鵰鴞 eagle owl (*Bubo bubo*)
歐亞戴菊 goldcrest (*Regulus regulus*)
歐亞鴝 Eurasian robin (*Erithacus rubecula*)
歐洲海燕 storm petrel (*Hydrobates pelagicus*)
歐洲綠啄木 green woodpecker (*Picus viridis*)
暴風鸌 fulmar (*Fulmarus glacialis*)
漂泊信天翁 wandering albatross (*Diomedea exulans*)
蒼頭燕雀 chaffinch (*Fringilla ceolebs*)

十五畫

鳾 nuthatch (*Sitta* spp.)

十六畫

貓頭鷹 owls
鴞鸚鵡 kakapo (*Strigops habroptila*)
橙胸林鶯 blackburnian warbler (*Dendroica fusca*)
橙腹梅花雀 golden-breasted waxbill (*Amandava subflava*)
蟆口鴟 frogmouth
錫嘴雀 hawfinch (*Coccothraustes coccothraustes*)
鴴 plover

十七畫

戴勝 hoopoe (*Upupa* ssp.)
戴菊 kinglet
縫合吸蜜鳥 stitchbird (*Notiomystis cincta*)
嚮蜜鴷 honeyguide
濱鷸 sandpiper
叢塚雉 Australian brush turkey (*Alectura lathami*)
翻石鷸 turnstone

十八畫

藍山雀 blue tit (*Cyanistes caeruleus*)
藍頂鶥鶇 blue-capped ifrita (*Ifrita kowaldi*)
鵟 buzzard
雜色林鵙鶲 variable pitohui (*Pitohui kirhocephalus*)

二十畫

鏽色林鵙鶲 rusty pitohui (*Pitohui ferrugineus*)

二十一畫

鶴鴕 cassowary (*Casuarius* ssp.)
麝雉 hoatzin (*Opisthocomus hoazin*)
鶲 flycatcher
霸鶲 New World flycatcher

二十二畫

鰹鳥 gannet
彎嘴鴴 wrybill (*Anarhynchus frontalis*)
鬚海雀 whiskered auklet (*Aethia pygmaea*)

鷓鴣　partridge

二十三畫

鷸鴕（又稱奇異鳥）　kiwi (*Apteryx* spp.)

鷦鶯　prinia

二十五畫

鸌　petrel

二十七畫

鸕鶿　cormorant (*Phalacrocorax* ssp.)

文獻

〇畫

「ＢＢＣ野生動物」雜誌　*BBC Wildlife*

二畫

《人與動物的情感表達》　*The Expression of the Emotions in Man and Animals*

三畫

《大海雀群島》　*Great Auk Islands*

《大英鳥類全書》　*Birds Britannica*

《上帝的智慧》　*Wisdom of God*

五畫

《世界鳥類手冊》　*Handbook of Birds of the World*

《北美鳥類圖鑑》　*Guide to Birds*

《本能研究》　*The Study of Instinct*

《田野》　*Field*

六畫

《羽毛下的鳥類》　*The Unfeathered Bird*

《自然神學》　*Natural Theology*

「自然」雜誌　*Nature*

《西班牙自然史和自然地理簡介》　*An Introduction to the Natural History and Physical Geography of Spain*

七畫

《坎特伯里故事集》 *The Canterbury Tales*

《沒有脊椎的動物》 *Animals Without Backbones*

《佛羅倫汀手抄本》 *Florentine Codex*

「每日電訊報」 *Daily Telegraph*

八畫

《物種起源》 *Origin of Species*

《物理－神學》 *Physico-Theology*

「周日泰晤士報」 *Sunday Times*

九畫

《紅色金絲雀》 *The Red Canary*

〈紅鸛的微笑〉 The Flamingo's Smile

「科學」雜誌 *Science*

《哈特拉斯船長歷險記》 *The Adventures and Voyages of Captain Hatteras*

《神經科學和行為評論》 *Neuroscience and Behavioral Reviews*

「威爾特郡考古雜誌」 *Wiltshire Archaeological Magazine*

十畫

《紐西蘭的鳥類》 *Birds of New Zealand*

《隼》 *Falcon*

《脊椎動物學文獻導論》 *Introduction to the Literature on Vertebrate Biology*

十一畫

《眼底》 *Fundus Oculi*

《鳥的眼底》 *The Fundus Oculi of Birds*

《鳥類的智慧》 *The Wisdom of Birds*

《鳥類的能力》 *The Faculties of Birds*

〈鳥類的感覺器官〉 The sense organs of birds

《鳥類大辭典》 *A Dictionary of Birds*

《鳥類比較生理學》 *Comparative Physiology of Birds*

「鳥類科學國際期刊」 *The Ibis*

《鳥類學》 *Ornithology*

《動物的顏色》 *Animal Colouration*

《動物感知的問題》 *The Question of Animal Awareness*

《動物學特質：鳥類》 *Traité de Zoologie: Oiseaux*

十二畫

「勞登雜誌」 *Loudon's Magazine*

十三畫

「新科學家」雜誌 *New Scientist*

《新幾內亞的鳥類》 *Birds of New Guinea*

《新編鳥類大辭典》 *A New Dictionary of Birds*

〈當蝙蝠是什麼滋味〉 What is it like to be a bat

《塞耳彭自然史》 *The Natural History of Selborne*

《奧賽羅》 *Othello*

《傲慢與偏見》 *Pride and Prejudice*

十四畫

《精子競爭演化史》 *Promiscuity*

十五畫

《劍橋鳥類百科全書》 *The Cambridge Encyclopaedia of Birds*

「衛報」 *Guardian*

〈論鳥類擁有的嗅覺〉 On the sense of smell possessed by birds

《歐亞鴝的生活》 *The Life of the Robin*

《鄰居》 *Neighbours*

十六畫

「激流四勇士」 Deliverance

〈衡量動物的情感過程：認知取向的效用〉 Measuring emotional processes in animals: the utility of a cognitive approach

《諾福克的鳥》 *The Birds of Norfolk*

「獨立報」 *Independent*

二十二畫

《籠舍鳥類》 *Cage & Aviary Birds*

人名

二畫

丁柏根 Niko Tinbergen

三畫

凡赫魯 Katrina van Grouw
凡爾納 Jules Verne
小西正一 Masakazu Konishi

四畫

內格爾 Thomas Nagel
內米亞努斯 Marcus Aurelius Nemianus
尤恩 John Ewen
尤斯塔修斯 Batholomaeus Eustachius
巴特 Wolfgang Bath
巴克曼 John Bachman
巴克萊船長 Captain Barclay
巴達薩 Jacques Balthazart
巴齊尼 Filipo Pacini

五畫

卡巴那 Michel Cabanac
卡特希爾 Innes Cuthill
卡塞爾尼克 Alex Kacelnik
卡哈爾 Santiago Ramón y Cajal
卡塞瑞斯 Giulio Casserius
布侯卡 Pierre Broca
布萊恩 Felicity Bryan
布瑞克 Patricia Brekke
布斯鮑姆 Ralph Buchsbaum
布魯克 Mike Brooke
布勒 Walter Buller
布朗爵士 Thomas Browne
布朗 Ellie Brown
布豐伯爵 the Comte de Buffon

布魯門巴赫　M. Blumenbach
布爾墨　Ralph Bulmer
尼爾森　Bryan Nelson
尼爾生　Dan-Eric Nilsson
皮爾格　Susanne Pelger
皮爾斯　George Pierce
皮爾斯瑪　Theunis Piersma
史帕蘭扎尼　Lazzaro Spallanzani
史塔格　Kenneth Stager
史坦利爵士　Lord Stanley
史丹頓　Henry Stainton
瓦萊特　Eric Vallett
瓦特頓　Charles Waterton
加利亞多　Anna Gagliardo
古德　John Gould
古戎　D. E. Goujon
古爾德　Stephen Jay Gould
央森父子　Hans and Zacharias Jansen

六畫

朱林　Charles Jurine
朱洛阿加　Zuloaga
朱范唐　Pierre Jouventin
伊莎貝兒・卡斯楚　Isabel Castro
艾瑞克森　Jon Erichsen
艾克斯特隆姆　Jonathan Ekstrom
艾略特　Rush Elliot
艾許布魯克　Kate Ashbrook
艾伯荷　René-Joseph Hébert
考特　Hugh Cott
考克蘭　John Cockrem
考布　Nathan Cobb
列特拿　Stefan Leitner
伍德　Casey Albert Wood
匈伯克　Robert Schomburgk
安斯里　Hudson Ansley
西爾　Alexander Hill
西爾曼　Heinz Sielmann

任許 Bernhard Rensch
多斯桑托斯 João dos Santos
米勒 Loye Miller
朵莉絲 Doris
休斯 Ted Hughes

七畫

克里克 Francis Crick
克里可利斯 Alex Krikelis
克里斯福德 Adam Crisford
克萊頓 Nicky Clayton
克卜勒 Johannes Kepler
克努德森 Eric Knudsen
克萊頓 John Clayton
克拉瑪 Gustav Kramer
李斯特 Martin Lister
希莉 Sue Healy
希爾 Geoff Hill
希伯里 David Sibley

廷貝亨 Niko Tinbergen
里弗德 Lord Lilford
里斯 Rhys
亨利 Richard Henry
伽伐尼 Luigi Galvani
狄福 Daniel Defoe
辛斯頓 Hingston
杜林 Bob Dooling
杜普雷西 Morne du Plessis
杜維爾 Jules Dumont d'Urville
佛萊德曼 Herbert Friedmann
邦貝琪 Betsy Bang
邦拿多納 Francesco Bonadonna
邦普蘭 Amie Bonpland
貝克 Clare Baker
貝克維爾 Lucy Bakewell
貝侯 Claude Perrault
貝茲 Henry Bates
貝里尼 Lorenzo Bellini

貝慈 Tim Bates

八畫

奈克 Reinhold Necker
奈維特 Gaby Nevitt
帕克 Jeffrey Parker
帕森斯 Larry Parsons
帕匹 Floriano Papi
阿爾卓凡蒂 Ulysses Aldrovandi
虎克 Robert Hooke
波爾 Greg Ball
金納 Edward Jenner
居維葉 Georges Cuvier
拉克 David Lack
拉德福 Andy Radford
拉德福 Andrew Radford
佩皮斯 Samuel Pepys
佩恩 Roger Payne
林奈 Linnaeus

法布里修斯 Hieronymus Fabricius
法特 Abraham Vater
法洛比斯 Gabriel Fallopius

九畫

柏克海德 Tim Birkhead
柏考特 Herman Berkhoudt
韋瑟黑德 Pat Weatherhead
哈汀 James E. Harting
哈丁 Harding
哈拉達 Zdenek Halata
哈德森 Peter Hudson
哈維 William Harvey
哈里斯 Mike Harris
哈潔林 Julie Hagelin
哈欽森 Larry Hutchinson
哈代 Thomas Hardy
哈特利教士 Reverend Peter H. T. Hartley
哈特里奇 Hamilton Hartridge

侯雄杜維尼奧 André Rochon-Duvigneaud
昆薩里 Tom Pizzari
祖忠士 Ron Moorehouse
洪堡德 Alexander von Humboldt
威克隆德 Christer Wiklund
威勞比 Francis Willughby
威爾 John Jenner Weir
威廉 William Harrison Weir
威爾森 Alexander Wilson
威爾納 Jared Verner
威爾金森 Roger Wilkinson
威爾茲柯 Wolfgang Wiltschko
查普曼 Abel Chapman
約翰・克勞 John Crow
洛克里 Ronald Lockley
科克本 Andrew Cockburn
格哈瑟 Pierre-Paul Grasse
珍・奧斯汀 Jane Austen
柯力芝 Calvin Coolidge

柯林斯 J. W. Collins
柯爾 Cole
派林斯 Chris Perrins
派波柏格 Irene Pepperberg
派瑞瓊斯 Jemima Parry-Jones
保羅 Paul

十畫

泰凡納 Percy Taverner
泰隆 Clarence Tryon
席奔羅克 Karl-Heinz Siebenrock
紐頓 Alfred Newton
恩倫 Steve Emlen
倫巴 Etienne Lombard
納吉布 Marc Naguib
索普 W. (Bill) H. Thorpe
庫伊司 Elliot Coues
格勞博 Tom Grubb
格蘭德利 M. Grandry

海屈威爾 Ben Hatchwell
班森 W. B. Bentham
修昔底德 Thucydides
埃斯卡蘭特 Escalante
馬克・考克 Mark Cocker
馬丁 Graham Martin
馬克沁 Hiram Maxim
馬爾皮基 Marco Malpighi
馬內普 Ian Seam Majnep
馬修斯 Geoffrey Matthews
馬夏爾 Jock Marshall
唐森 Townson

十一畫

笛卡兒 René Descartes
麥克唐納 Helen Macdonald
麥克琳 Eleanor MacLean
麥吉利夫雷 William MacGillivray
麥柯迪 McCurdy
寇伊特 Volcher Coiter
寇菲爾德 Jeremy Corfield
寇柏 Stanley Cobb
曼德 Mike Mendl
培里 William Paley
莫莉 Molly
莫里紐克斯 William Molyneux
理查 Richard
康妮翰 Susie Cunningham
康沃利斯 Charlie Cornwallis
勒松 René Primevère Lesson
畢勒 Bruce Beehler
梅納次哈根上校 Col. R. Meinertzhagen DSO
偉賽費茲吉拉德 B. Vesey-Fitzgerald
基爾福 Tim Guilford
梅克爾 Frederick Merkel

十二畫

華生 James Watson

華萊士　Alfred Russel Wallace
博泰扎特　Eugen Botezat
敦巴徹　Jack Dumbacher
喬治蕭　George Shaw
喬叟　Geoffrey Chaucer
湯森　Arthur Landsborough Thomson
湯姆森　Jamie Thomson
斯萬森　Bill Swainson
腓特烈二世　Frederick II
馮菲佛　Kuni von Pfeffer
馮米登朵夫　Alex von Middendorf
雅塔　Anna Hierta
菲爾普斯　William (Billy) H. Phelps Jr
凱西　Kathy
提切爾曼　G. L. Tichelman
萊西里　Richard Laishley
惠特菲爾德　Philip Whitfield
斯洛納克　J. R. Slonaker
斯文森　William Swainson

斯泰格　Steiger

十三畫

愛略特　Richard Elliot
愛德蒙斯頓　John Edmonstone
愛德金斯雷根　Elizabeth Adkins-Regan
雷　John Ray
雷文霍克　Antonie von Leeuwenhoek
雷濟厄斯　Gustav Retzius
路克列赫　Georges-Louis Leclerc
路易斯・卡羅　Lewis Carroll
瑞尼　James Rennie
道金絲　Marian Dawkins
溫佐　Bernice Wenzel
溫特伯頓　Mark Winterbottom
葛尼　John Gurney
葛萊芬　Don Griffin
瑞普利　Dillon Ripley
奧杜邦　John James Audubon

塞爾斯先生 Mr W. Sells
萬賴絲 Sarah Wanless

十四畫

蒙哥馬利 Bob Montgomerie
蒙塔古 George Montagu
蒙德爾 Mendl
蓋倫 Claudius Galen
蓋蘭波士 Robert Galambos
蔻特 Nichola Court
蜜德 Jessica Meade
赫伯斯特 Emil Friedrich Gustav Herbst
赫普納 Frank Heppner
維莫斯克奇 Henri Weimerskirch
維爾森 Mary Willson

十五畫

摩頓 Gene Morton
摩爾 Thomas More
慕林 Moulin
慕恩 Irwin Moon
潘菲德 Wilder Penfield
歐文 Richard Owen
歐索里歐 Dan Orsorio
歐丹斯 Remey O'Dense
德瑞瑟 Henry Dresser
德漢 William Derham
墨非 Robert Cushman Murphy

十六畫

穆爾 Charles Moore
盧伯克 John Lubbock
盧卡斯 Jeff Lucas
賴爾 Uli Reyer
諾克斯 Knox
諾維凱 Alvin Novick
諾恩奇 Rudolf Neunzig
諾特邦 Fernando Nottebohm

鮑渥斯 William Bowles
鮑德納 Leonard Baldner
默頓 Don Merton
韓森 Rob Heinsohn

十七畫

戴托羅 Miguel Alvarez del Toro
戴利 John Daly
邁諾特 Jeremy Mynott

十八畫

瓊斯 Darryl Jones

十九畫

懷特 Gilbert White
懷爾德 Martin Wild
羅傑斯 Lesley Rogers
龐夫瑞 Jerry Pumphrey
邊沁 Jeremy Bentham

二十畫

蘇瑟斯 Rod Suthers
蘇緒金 Petr Sushkin

二十三畫

蘿瑞 Laurie
蘿絲維塔 Roswitha

地名、機構組織名

三畫

小安地列斯群島 Lesser Antilles

四畫

日內瓦自然史學會 Geneva Natural History Society
切斯特動物園 Chester Zoo
切爾諾夫策大學 University of Czernowitz
比斯開灣 Bay of Biscay
五月島 Isle of May
巴斯岩 Bass Rock

五畫

布魯姆斯伯里出版社　Bloomsbury
布萊克伍德圖書館　Blacker-Wood Library
布萊克出版社　A. & C. Black
布萊克希思　Blackheath
史密森尼熱帶研究所　Smithsonian Tropical Research Institute
史特拉斯堡　Strasbourg
卡里佩　Caripe
加州聯合石油公司　Union Oil Company of California
加納利群島　Canary Islands
丘陵區　the Downs

六畫

西班牙鎮　Spanish Town
伍茲霍爾　Woods Hole
伊托沙鹽湖　Etosha Pan

七畫

貝爾電話實驗室　Bell Telephone Laboratories
克里奧爾石油公司　Creole Petroleum Corporation
克羅夫頓　Crofton
但尼丁大學　University of Dunedin
沃爾頓霍爾　Walton Hall
里約普拉塔　Rio del Plata
努納武特　Nunavut

八畫

法瑞拉塔國家公園　Varirata National Park
法爾肯斯瓦德　Valkenswaard
法蘭西學術院　French Academy
波捷遜島　Possession Island
彼得伯勒　Peterborough
亞述爾群島　the Azores
芬克島　Funk Island
芬迪灣　Bay of Fundy
帕維亞大學　University of Pavia

奈特出版社　Charles Knight
拉布拉多　Labrador

九畫

「英國鳥類」雜誌暨英國鳥類學信託組織　British Trust of Ornithology and British Birds
英國皇家鳥類保護學會　Royal Society for the Protection of Birds
英國皇家學會　Royal Society of London
英屬圭亞納　British Guiana
美國國立衛生研究院　National Institute for Health
科德菲什島　Codfish Island
威斯貝奇　Wisbech
威爾明頓飯店　Wilmington Hotel
威爾特郡　Wiltshire
查克托哈奇河　Choctawhatchee River
珍珠河　Pearl River
格楚哇　Quechua
格洛斯特郡　Gloucestershire

十畫

馬克斯普朗克鳥類學研究所　Max Planck Institute for Ornithology
馬德拉　Madeira
馬卡迪卡迪鹽沼　Makgadikgadi Pans
倫敦自然史博物館　Natural History Museum
起點　Start Point
班普頓懸崖　Bempton Cliffs
紐約動物學會　New York Zoological Society
紐芬蘭　Newfoundland
峽灣地區　Fiordland
納米比亞　Namibia

十一畫

雪菲爾大學　University of Sheffield
國際猛禽中心　International Bird of Prey Centre
麥基爾大學　McGill University
野禽信託協會　Wildfowl Trust
康沃利斯島　Cornwallis Island

十二畫

象島 Elephant Island
萊登大學 University of Leiden
凱庫拉 Kaikoura
凱爾蓋朗群島 Kerguelen Archipelago
湯瑪斯尼爾森出版社 Thomas Nelson & Sons
彭布魯克郡 Pembrokeshire
斯科默島 Skomer Island
斯考哥爾摩島 Skokholm
斯林布里奇 Slimbridge

十三畫

溫德和克 Windhoek
愛丁堡自然史學會 Edinburgh Natural History Society
奧塔哥大學博物館 Otago University Museum
奧里諾科河 Orinoco
達廷頓 Dartington
雷索盧特 Resolute
雷索盧申島 Resolution Island
瑞克森圖書出版社 Reakpion Books

十四畫

綠島 Ile Verte
寧河溼地保護區 Nene Washes

十五畫

緹里緹里馬塔基島 Tiritiri Matangi Island
蓬塔阿雷納斯 Punta Arenas
德比 Derby
德文 Devon

十六畫

諾福克 Norfolk
諾斯利公園 Knowsley Park
默西 Merse

十八畫

薩里 Surrey

二十二畫

鱈魚角 Cape Cod

鰹鳥群島 Gannet Clusters

其他

四畫

中央窩 fovea

比利 Billie

比特犬 pitbull terrier

內克方塊 Necker's cube

巴齊尼氏小體 Pacinian corpuscle

五畫

卡洛萊 Caroline

六畫

自然選擇 natural selection

因紐特人 Inuit

艾薛爾無止境的樓梯 Escher's endless staircases

七畫

克里默領事獎 Consul Cremer Prize

八畫

油鴟洞 Cueva del Guácharo / Guácharo Cave

拖雷峽谷號 Torrey Canyon

九畫

相對生長 allometry

十畫

梳膜 pecten

格蘭德利氏小體 Grandry's corpuscle

紐西蘭聖誕樹 pohutukawa

拿破崙戰爭 Napoleonic Wars
烏斯特辣醬油 Worcestershire Sauce
草原田鼠 prairie vole
草地田鼠 meadow vole

十一畫

麥可文獎章 McColvin medal
麥蘆卡樹 manuka tree
深度知覺 depth perception
異體理羽 allopreening
巢寄生 brood parasitic

十二畫

智慧設計論 intelligent design
喙尖神經區 bill-tip organ
絨羽 down feather
番木鱉鹼 strychnine
棕樹蛇 Brown tree snake
短耳三葉鼻蝠 Percival's trident bat

十三畫

電生理學 electrophysiology
塔爾塔羅斯 Tartarus
跨感覺可塑性 cross-modal plasticity

十四畫

雌雄二型性 sexual dimorphism
銀蕨 ponga
赫伯斯特氏小體 Herbst corpuscle
廓羽 contour feather
綠樹蟒 green tree python

十五畫

箭毒蛙 dart poison frog
潘羅斯三角形 Penrose's triangle

十六畫

嘴鬚 rictal bristles
貓鯊 dogfish

十七畫

瞬膜 nictitating membrane

擬花螢科甲蟲 melyrid beetle

二十畫

觸覺感受器 touch receptor

二十三畫

纖羽 filoplumes

二十四畫

鷹獵人 falconer

罕見字發音對照表

- 䳭　ㄐㄧˋ，也可作鵖
- 隼　ㄓㄨㄣˇ
- 鳲　ㄕ
- 鴇　ㄅㄠˇ
- 鴝　ㄑㄩˊ
- 鴞　ㄒㄧㄠ
- 鴟　ㄔ
- 鴯　ㄦˊ
- 鴴　ㄏㄥˊ
- 鴷　ㄌㄧㄝˋ
- 鵐　ㄨˋ
- 鵙　ㄐㄩㄝˊ或ㄐㄩˊ
- 鵠　ㄏㄨˊ
- 鵪　ㄢ
- 鵯　ㄅㄟ

- 鶇　ㄉㄨㄥ
- 鶉　ㄔㄨㄣˊ
- 鶓　ㄇㄧㄠˊ
- 鶥　ㄇㄟˊ
- 鶿　ㄘˊ，也可作鷀
- 鶲　ㄨㄥ
- 鷉　ㄊㄧˊ
- 鷚　ㄌㄧㄡˋ
- 鷦　ㄐㄧㄠ
- 鷯　ㄌㄧㄠˊ
- 鷸　ㄩˋ
- 鸌　ㄏㄨㄛˋ
- 鸕　ㄌㄨˊ